本书列入中国科学技术信息研究所学术著作出版计划

多语言科技信息智能处理与服务

Intelligent Processing and Service of Multilingual Scientific and Technological Information

李　颖　何彦青 等◎著

科学技术文献出版社
SCIENTIFIC AND TECHNICAL DOCUMENTATION PRESS
·北京·

图书在版编目（CIP）数据

多语言科技信息智能处理与服务 = Intelligent Processing and Service of Multilingual Scientific and Technological Information / 李颖等著. —北京：科学技术文献出版社，2023.3（2024.12重印）

ISBN 978-7-5235-0114-6

Ⅰ.①多… Ⅱ.①李… Ⅲ.①自然语言处理—研究 Ⅳ.① TP391

中国国家版本馆 CIP 数据核字（2023）第 050899 号

多语言科技信息智能处理与服务

策划编辑: 张 丹 责任编辑: 李 晴 责任校对: 王瑞瑞 责任出版: 张志平

出 版 者	科学技术文献出版社	
地 址	北京市复兴路15号 邮编 100038	
编 务 部	(010) 58882938，58882087（传真）	
发 行 部	(010) 58882868，58882870（传真）	
邮 购 部	(010) 58882873	
官 方 网 址	www.stdp.com.cn	
发 行 者	科学技术文献出版社发行 全国各地新华书店经销	
印 刷 者	北京虎彩文化传播有限公司	
版 次	2023 年 3 月第 1 版 2024 年 12 月第 2 次印刷	
开 本	710×1000 1/16	
字 数	245千	
印 张	15.25	
书 号	ISBN 978-7-5235-0114-6	
定 价	78.00元	

序

习近平总书记深刻指出："当今世界正经历百年未有之大变局。"放眼全球博弈战场，科技创新是关键变量，它决定谁能抢占技术制高点、谁将引领发展。科技工作者作为创新主体，需具备纵览世界科技前沿、洞悉各国战略、预测国际经济趋势的综合能力。在此，多语言科技信息的实时处理和深度分析起着重要的战术支撑作用。

当今，科技工作者深处"开放科学""开放获取""开放数据"全球科技活动模式变革之中，多语言科技信息处理与服务是"变与不变"的课题。其中，"不变"表达了每位科技工作者对科技信息服务的恒久需求，"变"意味着科技信息服务是与时俱进的韧性体系。

中国科学技术信息研究所作为科技信息的研究与公益服务机构，为满足科技工作者科研活动的需求，在多语言信息源中抽取有价值的信息反哺科技创新这个历史性课题中，着力探索新思路、新方法。自然语言处理与人工智能研究组（NLP & AI Group）立足需求领域，研究最新理论，开发科技领域适用型算法，不断丰富多语言知识库，强化机器学习，以智能处理技术完善科技信息的智慧化服务。在公益服务基础上，以研究个体需求为导向，通过提供网络平台、App、嵌入式微服务等组合方式提升用户体验，不断完善多语言科技信息服务，致力于为科技创新提供安全可信的后勤保障，并寻求自主创新。

《多语言科技信息智能处理与服务》一书在上述目标驱动下，集成研发团队十几年的成果，提供了一套全流程整体解决方案，是相对完备的多语言科技信息智能处理与服务体系。该书为科技工作者在新一轮科技革命的深入发展中把控先机，于变局中开新局提供多语言科技信息的基础保障，是理论与技术融合创新的有益探索。

科技工作者既是信息的利用者也是信息的创造者，在科研活动"大循环"中，多语言科技信息智能处理与服务起着"神经"与"血液"的作用，在为科研大循环生态提供血液的同时，自身也获得了"造血功能"强化的"小循环"。

期待多语言科技信息智能处理与服务持续为广大科技人员减负，支撑科技管理层的战略决策，为科技创新赋能。

博士

中国科学技术信息研究所所长

2022 年 10 月于北京

前　言

本书面向科技创新对多国科技信息的深度需求，基于笔者团队十几年的技术研发与国际交流合作成果完成，包括国家自然科学基金项目和"中日机器翻译"国际合作项目的资助，"中日韩三国科技信息机构联席会议"交流成果，以及中国科学技术信息研究所重点工作等各类项目的支撑。

全书由多语言科技信息资源、处理技术、服务平台三部分内容构成，比较系统地阐明了一套全流程解决方案，并有理论创新和应用创新。具体而言，本书以多语言科技信息智能化服务提供为目标，以多语言科技信息资源为处理对象，精选多语言科技信息处理的主要前沿技术，展现当下多语言科技信息智能服务的应用案例，并描绘未来的发展方向。

在多语言科技信息资源部分，聚焦主流的英语和代表性的日语科技信息资源，描述有价值、有特征的英语和非英语科技信息资源；科技信息智能处理技术介绍多语言术语识别、自动标引、机器翻译、跨语言检索、多语言知识库等技术细节；多语言科技信息智能服务部分以"科信智译"和"跨语言科技信息服务系统"平台为例，向读者呈现多语言科技信息服务平台的主要功能；最后对研发中的高附加值平台进行概念性介绍。

本书由李颖与何彦青负责整体设计与终审任务。内容执笔分工如下：李颖负责第1章绪论、第2章英语科技信息资源与服务平台、第3章日语科技信息资源与服务，及第9章多语言科技信息智能服务；何彦青负责第 4 章多语言自动标引和第 6 章机器翻译；徐红姣和高影繁负责第 5 章多语言科技术语识别和第 7 章跨语言信息检索；兰天负责第 8 章多语言科技文献知识库。许德山在第 8 章编制中参与设计，潘优承担第 2 章的前期信息收集任务。在本书撰写过程中，王莉军作为专业编辑，精心指导全流程操作，协调完成了任务。

多语言科技信息在爆炸式增长，处理技术日新月异。笔者团队将不断深化研究，强化多语言科技信息的服务体系，持续为科技创新做出贡献。

最后需要强调，我们的研究和服务永远在路上，目前取得的阶段性研究成果问题在所难免，我们将自主修订、不断完善。同时，我们诚恳地期待读者与我们交流互动，反馈感想，共同促进多语言科技信息智能处理与服务事业的高度发展，为创新立国做出贡献。

目　录

第 1 章　绪论

1.1　概念定义

为了便于描述，本书以代表智能化的深度学习、大数据为界定依据，将应用这类智能手段的多语言科技信息处理称为多语言科技信息智能化处理。严格地讲，多语言科技信息处理与智能化处理之间没有清晰的边界。

在介绍多语言科技信息处理和智能化处理之前，先回顾一下什么是多语言问题及解决问题的主要技术手段。

著名计算语言学家冯志伟于 2010 年撰文指出："我们正处于一个多语言网络时代，如何有效地使用现代化手段来突破人们之间的语言障碍，成为全人类面临的共同问题，这就是多语言问题。机器翻译技术、跨语言信息检索技术、多语言问答式信息检索技术、多语言信息资源建设技术是解决多语言问题的技术手段。"[①] 由此可见，机器翻译、跨语言信息检索、多语言问答、多语言信息资源建设构成了解决多语言障碍有效的现代化技术手段，也称多语言处理技术或多语言处理。

（1）多语言科技信息处理

多语言科技信息是多语言的子集，多语言处理技术适用于多语言科技信息。但科技信息具有特定的内部属性，同时其外部用户需求相对明确，如对处理精度要求高，以满足科技活动所需。因此，多语言科技信息处理既要考虑科技信息的内在属性，更要基于用户需求提供高质量的服务。从结果导向出发，多语言科技信息处理不同于一般意义上的多语言处理。

首先，科技信息的代表属性有：①逻辑化、结构化的体系结构；②内容中包含大量的术语，术语定义明确；③信息安全问题敏感，传播范围与途径受限，如科技报告等；④权益清晰（Intellectual Property，Rights），权益有明

---

① 冯志伟 . 信息时代的多语言问题和对策 [J]. 术语标准化与信息技术，2010（2）：34–37.

确的归属，权益基于权益标准可描述，等等。

其次，科技信息用户的需求相对明确，用户对信息的时效性、服务质量要求高，智能化服务才能满足需求。科技研发及情报分析与智库、政策制定、科研管理等不同的应用场景，对多语言科技信息处理与服务的要求各异。可以说，智能化处理与服务是最佳选择。

（2）多语言科技信息智能化处理

近年来，深度学习等理论获得重大突破，计算机的算力持续提升，多语言处理技术取得了划时代的进展。多种多样的商用产品、免费系统、开源工具等满足了用户的基本需求。IT 知名企业，如百度、谷歌、讯飞、有道等多语言智能处理与服务能力持续迭代升级，成为解决"语言问题"的可信工具，方便了网民的日常使用。

在多语言科技信息智能化处理方面，可适用科技领域的智能化处理手段也日臻完善。从事科技活动的用户对信息需求更复杂，时效性要求极高。例如，对于跟踪研究全球科技动态的机构、研发创新机构等，提供实时的服务对它们才有价值。为实现上述服务目标，需要整合神经机器翻译、统计机器翻译、领域自适应等核心技术，开发多语言自动标引技术、多语言术语识别技术，通过优化服务架构设计，提升服务的相应速度、服务的稳定性、服务的质量。换而言之，多语言科技信息智能化处理是针对政府、科研机构、行业、企业等面临的多语言科技信息的"语言问题"，开展智能化的信息采集、分类、摘要、翻译、呈现、推荐等关键技术研发，探索科技信息服务模式，满足用户动态变化的需求。

1.2 数据特点

多语言科技信息数量大，类型多，更迭快。在全球科技创新的大环境下，各国学术机构、企业的研发投入逐年增高，科技论文、专利、科技报告等各类型科技文献产出数量呈爆发式增长。与此同时，有关的科技政策、标准等类型的科技管理信息也大量发布。值得注意的是，社交网络实时产生的大量科技相关信息不乏真知灼见。足见科技信息源的类型在增多、传播方式在演变。国家科技经费的投入增加促进了科技的高速发展，提升了科技产出的扩散速度，科技信息时效性变短，大量未能及时利用的有用信息则变成了"僵尸"。在此背景下，多语言科技信息智能处理与服务成为解决问题的重要手段。

在多语言科技信息传播机制方面，开放获取（Open Access，OA）^①。开放数据（Open Data）等作为未来科技信息扩散的主流机制，近年来显示出强劲的发展势头。开放被认为是可消除信息"获取危机"的学术信息传播机制的演进。在互联网传播机制下、在著作权益合理保障下，这一自由的学术资源获取方式稳健发展。本书在多语言科技资源的章节中，将开放资源纳入其中。

1.3 战略定位

（1）应用场景的多样性

语言处理是因为"语言障碍"无时无处不在，语言障碍制约着不同语言之间的思想交流。多语言科技信息智能处理与服务定位于消除多语言科技信息之间的鸿沟，满足用户的个性化需求。

一是多语言科技信息服务能"智慧"地从庞杂的信息源中实时抓取有价值的信息，智能地处理信息；二是能将最新的科技发展趋势定制化地传递到需求方，提供高附加值的竞争情报，满足科技创新实体的情报需求。

多语言科技信息智能处理与服务渗透于科技活动的全周期，覆盖众多领域。除科技研发的实时需求外，科技政策的制定、科研管理、科技智库建设等都需要信息的有效支撑。最近科技出版、科学普及、公众科学素质的教育等领域，也纷纷引入多语言科技信息智能处理与服务。

（2）科技强国的支撑

科技领域的开放科学是全球共识与发展趋势。2021 年 11 月，联合国教科文组织审议通过了《开放科学建议书》，标志着开放科学已迈入全球共识新阶段。一直以来，中国科技界积极倡导国际大合作，大力推进开放科学理念在全球的纵深发展。全球开放创新合作越来越密切，跨国科技交流越走越宽。多语言科技信息承载着这些全球科技活动的成果，与此同时，全球科技活动的持续发展也离不开多语言科技信息的传承媒介作用。多语言科技信息是全球科技活动资源储备与发展的助推剂。多语言科技信息的智能化处理与服务可以保障这些信息资源的快速和精准应用，对科技强国的目标实现起着

---

① OA 有时也专指开放获取期刊。

不可替代的支撑作用。

（3）社会影响的广泛性

多语言科技信息智能处理与服务来自社会的方方面面，具有战略性意义。不仅对科技创新与学术研究，对经济、社会乃至政治发展都有影响。通过多语言科技信息智能处理与服务，可在以下方面对社会做出贡献：

①经济发展：人类命运共同体、"一带一路"建设、区域合作建设；

②科研活动：创新强国、大科学与大工程引领；

③机构创新：机构的创新规划与管理，企业全球创新产品的研发。

在互联网和大数据时代，多语言科技信息智能处理与服务迎来了质的飞跃。如何让用户自由地获得所需多语言科技信息、获得定制化科技信息？有关内容在后续章节展开论述。

1.4 技术概述

我国多语言科技信息处理需求庞大，一直以来处理能力严重不足。如果无法消化吸收大量来自全球的科技有关信息，在国际竞争中很难把握商机。在开放科学、开放创新环境下，以往的处理方式已不能满足当下的迫切需要，必须应用智能处理技术。其中，多语言自动标引、多语言科技术语识别、机器翻译、跨语言信息检索，多语言科技文献知识库等为主要的关键技术，以下简要介绍。

（1）多语言自动标引

自动标引是利用计算机系统从拟存储、检索文献的各要素（题名、关键词、摘要及正文）中抽取用于揭示文献内容主题词的过程，相关研究在信息检索领域通常被称为自动标引（Automatic Indexing），而在文本挖掘领域通常被称为关键词抽取（Keyword Extraction）。自动标引工作在情报学、自然语言处理等学科中的作用一直受到关注。随着信息爆炸、资源管理困难等诸多问题的出现，自动标引在信息检索、信息组织、文本聚类、文本分类、自动摘要等领域中的作用日益显著。

（2）多语言科技术语识别

科技术语是科技信息处理中重要的研究对象。通过对科技术语的研究，可以形成领域概念体系，为掌握该领域的知识脉络、发展现状和研究前沿提供有效的工具和方法。在实际的科技信息分析中，科技术语抽取技术能够帮助信息分析专家进行主题关联分析、技术热点关联分析和总体研究布局分析等有效战略研究。

（3）机器翻译

机器翻译（Machine Translation，MT）是实现一种语言到另一种语言自动翻译的技术，即实现从源语言（Source Language）向目标语言（Target Language）的转换。翻译本身是一项务实性很强的工作，在讨论机器翻译时，必须从务实角度出发，分析人们对语言翻译的各种需求，探讨机器翻译的目标。

从人工智能学科的角度来看，随着机器学习技术的发展，包括自然语言在内的关于现实世界的知识正在通过形式化语言逐步整合到一个复杂的概念体系中去。在这个框架之下，越来越多的自然语言处理任务之间、自然语言处理与其他计算机学科之间相互融合，机器翻译的方法与实践迅猛发展，翻译系统的质量、速度、可操作性逐渐提升。近年来随着人工智能取得革命性突破，机器翻译在业界也成就斐然。翻译效果越来越能满足实际需求，已经可以在越来越多的应用场景中使用到机器翻译系统，享受机器翻译系统的便利。

机器翻译既是技术也是科学问题。作为一个活跃的研究领域，机器翻译是各种前沿技术交叉融汇的试验场，不同领域的研究者竞相逐鹿，独出机杼，立谈之间可能又有新作，机器翻译极具魅力。

（4）跨语言信息检索

进入 21 世纪以后，在互联网技术的推动下，网络多语言信息资源快速发展。面对语言壁垒，多语言信息共享成为迫切需要克服的难题之一，在这种情况下跨语言信息检索应运而生。

在多种语言并存的情况下向用户提供跨越语言的检索服务，该范畴的研究早期多采用"多语言信息检索"一词。20 世纪 90 年代后，由于"跨语言信息检索"一词能更准确地表达研究内涵，这一较新的称呼被普遍接受。跨语言信息检索是指以一种语言的查询检索出另一种语言文档信息的检索方法。一般来说，查询语言称为源语言（Source Language），文档语言称为目标语言（Target Language）。近年来，随着跨语言信息处理领域的研究内容不断丰富，研究者们更多地使用多语言信息获取（Multilingual Information Access，MLIA）一词，本书跨语言信息检索即指多语言信息检索，按照使用习惯，继续沿用前者。

跨语言信息检索是一个综合性强、富有挑战性的研究领域，其研究涉及语言学、情报学、计算机科学等多门学科知识，涵盖信息检索、文本处理和机器翻译等众多技术领域，具有很高的理论研究价值。从应用上来看，跨语言检索帮助用户打破语言壁垒，跨越语言空间的障碍，丰富用户获取信息的途径和种类，拓展信息检索平台的多语言信息服务能力，在互联网发展如此迅猛的今天，具有广阔的应用前景。

（5）多语言科技文献知识库

大规模知识库是建立知识图谱的基础，是实现科技信息资源智能服务的基石，标志着信息资源服务进入智能化服务的新阶段。多语言科技文献知识库，是多语言科技信息资源智能化服务的必要条件，是多语言知识挖掘和分析的核心，为多语言文献的互译和实体挖掘能力奠定基础。多语言科技文献知识库通过数据筛选与分类、生成实例唯一标识、复合字段自动解析、多语归一化、高价值字段细粒度处理等方法，最大限度地实现了多语言科技文献资源融合，为多语言科技信息智能服务奠定了基础。

1.5　服务体系

多语言科技信息应用服务体系的内涵和外延十分宽泛，没有固定的范畴和模式，作为应用服务，用户的需求决定服务方式的演变。中国科学技术信息研究所（简称"中信所"）作为中文科技信息资源的收藏及多语言外文科技信息的搜集、整合机构，秉承"为科技部等政府部门提供决策支持，为科技创新主体（企业、高等院校、科研院所和科研人员）提供全方位的信息服务"的理念，在多语言科技信息处理与服务方面，长期深耕自然语言处理与人工智能研究，基于客户需求灵活打造或重组产品形态，移植性和迁移能力都较强的应用服务体系。例如，科信智译翻译平台（图 1-1）已经应用于国家科技图书文献中心的跨语言信息检索、文献标题和摘要的自动翻译服务中，与日本科学技术振兴机构（JST）合作开发的中日科技论文机器翻译系统其性能在全球居于领先地位，得到广泛应用。

本书以"科信智译"系统描述这类多语言科技信息智能翻译应用服务的架构。其利用中信所丰富的专利和论文资源及网络爬取技术，在可比较语料基础上研发句子对齐算法，实现双语平行语料自动构建，持续累积多语言资源；引入领域自适应算法，融合诸如汉语主题词表和科技词系统在内的领域知识库，通过深度学习算法实现对句子级别的领域自动标注，基于此标注算法为机器翻译系统筛选训练语料。通过构建适应垂直领域数据，领域自适应算法等使得科信智译的翻译效果良好，从而实现了智能化处理与高质量的多语言科技信息应用服务。

图 1-1 科信智译翻译平台首页

科信智译翻译平台提供面向科技文献的机器翻译服务，支持英、日、俄等多语言与中文互译，支持 PC 端和移动端同时在线。PC 端主打词汇翻译、文本翻译和针对 word、pdf、excel、ppt 等多种类型文本的文档翻译服务。移动端具备经典的文本翻译和便捷的拍照翻译等功能，为用户提供实时的中外文互译服务[1]。该平台具有两个优点：①个性化机器翻译服务。结合多语言的科技领域数据资源，融合采用基于实例的机器翻译技术、统计机器翻译技术和神经机器翻译技术等技术手段，为用户提供本地安装、个性化定制的机器翻译引擎，实现多引擎机器翻译技术的融合应用；同时，系统持续性收集优质的科技领域词典和句对数据，旨在提供更高质量的科技术语翻译服务。②多类型翻译需求。常规翻译系统主要针对文本和文档进行简要翻译，科信智译翻译平台将需求文件扩大到图片文件和语音文件，文档翻译又囊括了txt、word、excel、pdf 和 ppt 等多种类型文档在内的多种文件的解析和翻译。

---

[1] https://kxzy.istic.ac.cn/#/transHome.

特别是，针对由 word 和 ppt 转换生成的 pdf 文件、图片加浮层类型的 pdf 和扫描生成的 pdf，分别实现较为精准的解析，并致力于将翻译结果与源文件的版式保持一致，方便用户对照查看。

中信所在科信智译翻译平台的基础上进一步研制了跨语言科技信息服务系统（图 1-2），实现了多语言科技信息的自动采集、分类、翻译和推送，探索了为企业提供一站式科技情报服务。开展了自动简报产品研发。在跨语言科技信息服务系统的"资讯报告"模块中，围绕"智能制造"专题，增加相关网站监测，快速汇集各国"智能制造"的资讯，对资讯进行分类、翻译、摘要、打标签，生成自动简报为用户每日推送，辅助企业追踪最新"智能制造"资讯，改善其自有制造系统。该产品两个突出优势：其一是快速，通过改进爬虫技术和数据传输机制实现资讯的快速汇集，保证用户能够及时收到最新资讯；其二是简报模版的可定制，充分调研用户需求，设计满足用户需求的简报模版，提供用户需要的简报内容。

在跨语言科技信息服务系统平台打造"自动简报"模块，具有实时监测英、日、韩、俄、法、德等多语言网站的功能，在收集科技、财经、政策、制造、家电和产品等多类别新闻数据的基础上，对科技资讯进行分析、对比，并支持外文和中文双语察看模式，为企业提供多语言科技信息服务。

图 1-2　跨语言科技信息服务系统

第 2 章　英语科技信息资源与服务平台

本书的研发宗旨在于通过智能化技术，处理有价值的信息资源，从而提供可信的情报服务。有价值的多语言科技信息资源是本书的处理对象，优质资源决定优质服务，本章重点介绍最有价值的英语科技信息资源。首先，英语科技学术性资源承载全球主要研发成果，是科技创新的能源和起始点。有效利用英语科技学术信息，能实现科技活动的事半功倍；其次，英语科技政策性信息堪称发达国家创新的晴雨表。国家科技战略可左右创新方向，科研资助政策可助推科技创新活动。洞悉英语科技政策可着眼大局，辨识重大问题，选择高速的创新路径。

需要特别指出的是，在有价值的科技信息资源的界定中，本书基于信息资源的基本理论，着眼于服务驱动，并参照笔者团队线上提供的多语言科技信息服务平台所实时汇集的各类型资源等，进行了综合研判。具体包括：经典的学术资源，即文献资源、科学数据、专利等；科技政策资源。此外，面向开放创新、开放科学的大环境，本书还将网络资源，如学术搜索、预印本平台，以及开放获取资源一并纳入对应的章节中进行论述。

2.1　英语学术资源与服务平台

2.1.1　Web of Knowledge

Web of Knowledge（WOK）是涵盖全领域的文献资源数据库，可检索获取自然科学、社会科学、艺术与人文学科等学术文献信息，包括国际期刊、免费开放资源、图书、专利、会议录、网络资源等。其资源服务网址为http://www.webofknowledge.com。WOK 是众所周知的 Web of Science（WOS）的拓展平台，在 WOS 基础上 WOK 整合了 Biosis Previews、INSPEC、Derwent Innovations Index、MEDLIN 等重要数据库。

（1）WOK 主要文献数据库

① WOS 核心合集：检索自然科学、社会科学、艺术和人文领域世界一流的学术期刊、书籍和会议录，浏览完整的引文网络。

② BIOSIS Citation Index：综合性生命科学与生物医学研究索引，内容涵盖临床前和实验阶段研究、仪器和方法、动物学研究等。

③ Derwent Innovations Index：将 Derwent World Patent Index 中超过 50 个专利发布机构索引的高附加值专利信息与 Derwent Patents Citation Index 中索引的专利引用信息进行组配。

④ FSTA 食品科学和技术数据库：详尽收录了食品科学、食品技术及食品相关营养学方面的学术研究和应用研究。

⑤ INSPEC：物理、电气 / 电子工程、计算、控制工程、机械工程、生产与制造工程，以及信息技术领域全球期刊和会议录文献的综合性索引。

⑥ KCI–Korean Journal Database：可访问 KCI（Korea Citation Index）所含多学科期刊中的文献。KCI 由韩国国家研究基金会（National Research Foundation of Korea）管理，收录在韩国出版的学术文献题录信息。

⑦ MEDLINE：美国国家医学图书馆（National Library of Medicine）主要的生命科学数据库。

⑧ SciELO Citation Index：提供拉丁美洲、葡萄牙、西班牙及南非在自然科学、社会科学、艺术和人文领域主要开放获取期刊中发表的学术文献。

（2）WOK 平台的功能与特征

① 10 语种界面（英语、中文、日语等）。

② Researcher ID。通过研究者 ID，即唯一标识符，精准统计、分析和揭示研究者国际影响力和合作网络，为科研人员提供开放的学术交流平台。

③除跨库检索和分析功能之外，可同时检索互联网免费学术资源数据库，如 Biology Browser、index to Organism Names 等。

④提供个性化定制、定题跟踪、引文跟踪等服务。

2.1.2　Science Direct

Science Direct 是荷兰爱思唯尔（Elsevier）出版集团推出运营的期刊、电子书检索网站，可访问爱思唯尔的科学和医学出版物书目数据库，拥有来自 4000 多种学术期刊和约 4 万种各类图书。其资源服务网址为 http://www.

sciencedirect.com。期刊分为四大领域：物理科学与工程、生命科学、健康科学和社会科学与人文科学，超过全球核心期刊品种的 25%，大部分是被SCI、SSCI、EI 收录的高品质期刊，还有部分 OA 获取的期刊。Science Direct应用全球领先技术为用户提供便捷的体验，全部数字化并通过网络提供，摘要免费获取，可免费获得 OA 全文，其他全文访问通常需要购买后阅览。

爱思唯尔作为全球最大的科学、技术与医学文献出版发行商，每年出版论文量市场占比 1/4，旗下 Science Direct 则是全球最著名的科技医学全文数据库。包含全球顶尖学术研究文章，如 CELL（《细胞》杂志）、The Lancet（《柳叶刀》杂志）等，还能浏览 100 多名诺贝尔奖获得者的学术研究成果。

Science Direct 的基本服务功能包括：

①无 DRM[①] 限制，可下载、存储、打印或与团队共享多份文件。

② OA 开放获取文章增量大。

③提供 Topics Page 专业术语的解释词条，便于跨学科领域研究与交流。

④提供 Mendeley[②] 免费科研文献管理工具。

⑤网页为响应式设计，可用各种设备随时查阅。

⑥所有用户可在线获取音视频多媒体资源。

⑦支持远程访问。

2.1.3　Springer Link

Springer（施普林格）是全球第一大科技图书出版公司和第二大科技期刊出版公司。每年出版 6500 种科技图书和 2000 个语种的科技期刊，其中超过1500 种经过同行评阅。其资源服务网址为 http://link.springer.com。

资源：Springer Link 数据库将资源划分为 12 个分学科：建筑学、设计和艺术；行为科学；生物医学和生命科学；商业和经济；化学和材料科学；计算机科学；地球和环境科学；工程学；人文、社会科学和法律；数学和统计学；医学；物理和天文学。电子图书数据库包括专注、教科书、手册、地图

---

① DRM：Digital Rights Management 的简称，即数字权益管理。DRM 是指数字内容，如音视频节目内容、文档、电子书籍等在生产、传播、销售、使用等生命周期中，对其进行的权益保护、使用控制与管理的技术。

② Mendeley：一款免费的文献管理软件，有抓取网页上的文本添加到个人 Library 中的功能，安装插件后还可以编辑文本。

集、参考工具书、丛书等。

服务：Springer Link 提供免费检索，已订购的数据库可下载打印全文文献。如果文献为 OA 资源，则可直接单击下载 PDF 文档，部分文献可直接浏览 HTML 格式的全文。

2.1.4　Wiley–Blackwell

John Wiley & Sons, Inc.（约翰·威利父子，简称 Wiley）1807 年在美国创建，是有 200 多年历史的专业出版机构，主要出版教育、职业培训、科技、医药类和实用类图书、期刊和电子产品，并提供订阅服务。其资源服务网址为 http://onlinelibrary.wiley.com，出版范围包括科学、技术、教育、医学、商业、法律等。Wiley 与微软、国家地理学会和电气和电子工程师协会（IEEE）、美国建筑师协会、CFA 协会（Chartered Financial Analyst Institute，特许金融分析师协会）等合作伙伴建立了出版联盟。

2007 年 2 月，Wiley 收购 Blackwell 出版公司，并将其与自己的科学、技术及医学业务（STM）合并组建 Wiley–Blackwell。Blackwell 出版公司是全球最大的学协会出版商，与世界 550 多个学术和专业学会合作，出版国际性的学术期刊，其中包含很多非英美地区出版的英文期刊。它所出版的学术期刊在科学技术、医学、社会科学及人文科学等学科领域具有一定的权威性。

Wiley–Blackwell 出版同行评审的学术期刊及涵盖面广泛的书籍，覆盖的学科领域包括科学、技术、医学、社会科学及人文等，包括 700 多个专业和学术合作伙伴出版期刊，如纽约科学院、美国癌症协会、生理学会、英国生态学会、美国解剖学家协会、社会问题心理学研究协会和伦敦政治经济学院，目前是世界上最大的出版商。

Wiley–Blackwell 在线资源平台 Wiley Online Library，确保向用户和订阅者提供无缝集成访问权限。作为全球最大、最全面的科学技术、医学和学术研究的在线多学科资源平台之一，Wiley Online Library 收录了 16 000 多种经同行评审的学术期刊，22 000 多种在线电子图书，170 多种在线参考工具书，500 多种在线参考书，19 种生物学、生命科学和生物医学的实验室指南（Current Protocols），17 种化学、光谱和循证医学数据库（Cochrane Library）。Cochrane Library 旨在使实施良好的对照试验结果随时可用，是循证医学的关键资源。其核心是 Cochrane Reviews 的集合，是一个系统评价和分析数据库，评价和解释医学研究的结果。Wiley Online Library 通过 IP 范围控制访问，任何用户可免费检索、浏览，并查看文摘。所属机构若购买了有关资源，用户则可下载并打印全文文献。

2.1.5　ProQuest

ProQuest 数据库平台是 ProQuest Information and Learning 公司提供的 60 多个文献数据库，包含文摘题录信息和部分全文。其资源服务网址为 http://www.pqdtcn.com，数据库涉及医药学、生命科学、水科学与海洋学、环境科学、土木工程、计算机科学、材料科学，以及商业经济、人文社会等广泛领域，包含学位论文、期刊、报纸等多类型文献，尤其值得一提的是著名商业经济数据库 ABI（ABI/INFORM Collection）、全球最大的学位论文数据库 PQDT（ProQuest Dissertations & Theses）、原 CSA（Cambridge Scientific Abstracts）平台丰富的特色专业数据库。

ProQuest 平台主要包含以下数据库[①]：

（1）综合学术期刊数据库（ProQuest Research Library）

收录内容覆盖科学和技术等领域，以及商业、文学、语言、表演和视觉艺术、历史、宗教、医学、社会学、教育学等。收录期刊 6600 多种，其中多数刊物的近年文章有全文。

（2）商业信息经济数据库 ABI

收录内容覆盖商业、金融、经济、管理等领域，收录学术期刊、报纸、公司信息，多数文章有全文。ABI 数据库中涵盖部分 OECD 报告。细节如下：

① ProQuest-ABI/INFORM Collection，世界著名的商业、经济管理学科全文文献数据库。收录全球 1000 多家知名出版机构出版的商业、经济管理领域超过 8500 种出版物，全文出版物 7100 多种。

② Proquest-Business Market Research Collection，收录丰富的专业性公司、行业及国家信息，该库包含专业公司、行业及地缘政治宏观市场研究方面的内容，提供有关全球 4 万家上市公司和非上市公司的信息，包含地点、财务状况摘要、竞争者、官员等资料。提供牛津大学和其他大学的 1000 多名教师组成的一个专业研究人员信息网络，涵盖这些教师所撰写的分析世界经

---

① https://ecollection.lib.tsinghua.edu.cn/databasenav/entrance/detail?mmsid=991021498967303966.
[2022-08-26]

济领域及政治发展重大事件方面的概括性文献。

（3）外国博硕士论文数据库（ProQuest-ProQuest Dissertations & Theses Global，PQDT Global），收录了 1637 年至今全球超过 3100 余所高校、科研机构 498 多万篇博硕士论文信息。其中，全文 260 多万篇，是目前世界上规模最大、使用最广泛的博硕士论文数据库。内容覆盖科学、工程学、经济与管理科学、健康与医学、历史学、人文及社会科学等各个领域。每周更新，年增全文 20 多万篇。ProQuest 还是美国国会图书馆指定的收藏全美博硕士论文的机构。

（4）人文社科资源数据库

人文社科资源数据库为读者提供内容深、范围广、形式多样的信息资源，包括英美政府档案、期刊、杂志、书籍、手稿与报刊等，可满足不同学科、不同类型文献的信息需求。

■ ProQuest-Digital National Security Archive（解密后数字化美国国家安全档案）。

■ ProQuest-British Periodicals（英国期刊全文数据库）。

■ ProQuest-Colonial State Papers（殖民历史档案数据库）。

■ ProQuest-Documents on British Policy Overseas（英国海外政策文件）。

■ ProQuest-Early European Books（早期欧洲图书数据库）。

■ ProQuest-U.S. Serial Set Maps Digital Collection（美国国会地图资料）。

（5）典藏学术期刊全文数据库（ProQuest-Periodicals Archive Online）

收录 760 余种人文社科类权威期刊的过刊全文，可访问文章超过 140 万篇。覆盖学科领域有经济、文学、法律、教育、社会学、心理及艺术等。

（6）心理学数据库

■ ProQuest-APA PsycArticles（心理学全文期刊数据库）。

■ ProQuest-APA PsycBooks（心理学电子书数据库），收录心理学和行为科学领域的最新书籍，以及大量经典与历史著作的翻版[①]。

■ ProQuest-APA PsycExtra（心理学灰色文献数据库）。

■ ProQuest-APA PsycInfo（心理学文摘索引数据库）。

■ ProQuest-APA PsycTests（心理学测量工具数据库）。

■ ProQuest-PTSDpubs（原名 PILOTS，美国国家创伤后应激障碍中心数

---

① 详情参考 http://proquest.com/en-US/catalogs/databases/detail/psycbooks-set-c.shtml。

据库）。

（7）科学与技术（ProQuest SciTech Premium Collection）

该库收录自然科学全文资源专辑和技术全文资源专辑，并提供来自世界各地的全文，涵盖学术期刊、贸易和工业期刊、杂志、技术报告、会议论文集、政府出版物等类型。该库包含的子库有：Natural Science Collection（自然科学全文资源专辑）、Science Database（科学全文资源专辑）、Technology Collection（技术全文资源专辑）、Materials Science & Engineering Database（材料科学与工程专辑）、Natural Science Collection Earth, atmospheric & Aquatic Science Collection（地球、大气及水科学专辑）、Biological Science Collection（生物科学专辑）、Agricultural & Environmental Science（农业与环境科学专辑）、Advanced Technologies & Aerospace Collection（前沿技术与航空航天专辑）。

（8）社会科学（ProQuest Social Science Premium Collection）

该库收录社会科学领域内重要的相关专业索引资料，同时收录超过 3380 本全文期刊的全文内容，以及一般资料库很少包含的书籍、工作文件、政府文件、杂志、报纸与会议论文等多类型资料内容。目前为市面上针对社会科学研究收录与覆盖内容最全面、最具深度的资料库。该库包含的子库有：Social Science Database（社会科学全文资源专辑）、Politics Collection（政治资源专辑）、Sociology Collection（社会学专辑）、Linguistics Collection（语言学专辑）、Library & Information Science Collection（图书馆及信息科学专辑）、Education Collection（教育专辑）、Criminology Collection（犯罪学专辑）、International Bibliography of the Social Sciences（IBS，国际社会科学书目专辑）。

（9）艺术、设计与建筑数据库（ProQuest-Art, Design & Architecture Collection）

收录近 600 种期刊，其中约 480 种为全文期刊，涵盖主题视觉设计、建筑、室内设计等艺术类全文期刊，并持续新增。除涵盖关于艺术应用、文化研究之学术期刊及商业出版物外，还包含区域研究、女性研究等领域精选全文期刊。该库包含的子库有：Design & Applied Arts Index（设计与应用艺术索引）、International Bibliography of Art（国际艺术书目）、ARTbibliographies Modern（现代艺术书目）和 Arts & Humanities Database（艺术与人文数据库）。

（10）早期英文图书在线（ProQuest-Early English Books Online）

该库是由密歇根大学、牛津大学和 ProQuest 公司合作开发并于 1999 年推出的在线全文数据库。

（11）学术视频在线（ProQuest-Academic Video Online）

收录来自 BBC、PBS、Arthaus、CBS、Kino International、Documentary Educational Resources、California Newsreel、Opus Arte、The Cinema Guild、Pennabaker Hegedus Films、Psychotherapy net 等数百家出版社的视频内容。视频类型包括新闻片、获奖纪录片、考察纪实、访谈、讲座、培训视频及独家原始影像等上万部完整视频。

（12）历史报纸：近现代中国英文报纸库（ProQuest-ProQuest Historical Newspapers：Chinese Newspapers Collection）

收录 1832—1953 年出版发行的 12 份关于近现代中国的英文报纸。这些报纸收录的内容具有非常重要的史料价值，所刊内容从独特的视角对中国近现代史上最为动荡的 120 年间发生的政治和社会生活动态进行的全面报道。

（13）美国政府报告题录数据库 [ProQuest-NTIS Database（National Technical Information Service）]

收录数以百万计的书目记录，可访问由美国和部分外国政府赞助的最新研究的卓越资源。此数据库体现数十亿美元的研究基金，内容包括研究报告、电脑产品、软件、录像带、录音带等。目前，完整电子文件可以追溯到 1964 年。

（14）冠状病毒研究数据库（Coronavirus Research Database）

收录了 COVID-19 相关的报道和开放获取文章。

（15）公开内容数据库（Publicly Available Content Database）

汇集来自世界各地许多不同来源的公开内容。

2.1.6　IEEE/IET Electronic Library

IEEE/IET Electronic Library（IEL）是 IEEE 旗下最完整、最有价值的在线数字资源，通过智能化检索平台提供创新性文献信息。其资源服务网址为 http://ieeexplore.ieee.org，内容覆盖电气电子、航空航天、计算机、通信工程、生物医学工程、机器人自动化、人工智能、半导体、纳米技术、机械工程、石油化工、水利水电、能源与核科学等各种技术领域。IEL 在线数据资源如下。

①190 种 IEEE 期刊、会刊与杂志；

②30 多种 IET 的期刊；

③1 种 BLTJ 期刊（贝尔市实验期刊）；

④每年 1700 多种 IEEE 会议录；

⑤每年 20 多种 IET/VDE 会议录；

⑥3900 多种 IEEE 现行标准、存档标准；

⑦所有文献的 Inpsec 索引目录。

2.1.7　Ei Compendex

Ei Compendex 是 Elsevier 发布的工程书目数据库，涵盖应用物理（包括光学）、生物工程和生物技术、食品科学与技术、材料科学、仪器仪表（包括医疗设备）及纳米技术等领域，资源服务网址为 https://www.engineeringvillage.com/search/quick.url。Ei Compendex 是全球最广泛、最完整的工程文献数据库，提供同行评审和索引出版物的整体和全球视图，目前记录超过 2500 万条，每条记录经认真选择，使用工程索引叙词表进行索引，以确保工程领域的学生与专业人员依存的工程领域特定文献可发现和检索。通过 Ei Compendex，工程师可获得相关、完备及准确和高质量信息[①]。Elsevier 官网最新公布的 2021 年 8 月统计数据，其信息资源构成如下：

①190 个工程学科；

②85 个国家；

③2553 个出版商；

④3878 种学术期刊；

⑤311 种 OA；

⑥194 种行业性杂志；

⑦133 896 个会议录；

⑧146 个图书系列；

⑨50 000 多本书，共 263 000 个章节；

⑩来自 1944 个连续出版物预印本；

⑪211 844 篇学位论文；

⑫来自 12 个标准制定机构的超过 20.5 万份技术标准记录，以及来自其他机构制定中的更多标准。

---

① https://www.elsevier.com/solutions/engineering-village/content/compendex.

最新统计的数量情况为：

① 2750 万条记录；

② 1770 万篇期刊论文；

③ 980 万篇会议论文；

④ 390 万篇 OA 文章；

⑤每周增加 3.0 万～ 3.5 万条记录；

⑥ 650 万条记录有基金信息；

⑦ 630 万条记录有数值数据索引（62 个物理性质），数百万条记录有化学索引；

⑧ 174 万条 1884—1969 年的记录（来自 Ei Backfile）。

特别指出，Ei Compendex 宣布提供预印本服务。预印本作为一种新的文档类型，目前可从 Compendex 数据库中检索源自 arXiv（2017 年起）的近 80 万条 OA 预印本文献，更多文章将很快可访问。

2.1.8　世界跨语言、跨库科技文献检索平台

WorldWorldScience.org 为一站式搜索世界科学资源，资源服务网址为 https://worldwidescience.org，是一个由国家和国际科学数据库及门户组成的全球科学门户，通过提供来自世界各地数据库的一站式搜索来加速科学发现和进步。WorldWorldScience.org 以多语种语言（英文、中文等 10 个）界面提供实时搜索并翻译分散全球的多语种科学文献。

WorldWorldScience.org 由世界科学联盟（The WorldWideScience Alliance）成员国提供治理框架，由美国能源部（DOE）科技信息办公室（OSTI）代表世界科学联盟开发和维护，翻译由 Microsoft® 提供。通过 WorldWideScience.org 可以搜索到 70 多个国家大约 100 个数据库和门户网站。用户可以获得能源、医学、农业、环境和基础科学等领域的最新发现，获取科学和数值数据资源。通过这个网关访问的大部分信息都是免费和开放领域 [1]。

国际科技信息委员会（ICSTI）是世界科学联盟的主要赞助者之一。世界科学联盟的主要成员都是政府所属的科技信息机构或图书馆，如 OSTI、美国国会图书馆、大英图书馆、加拿大科学技术信息研究所、韩国科学技术研究院、中国科学技术信息研究所等。

---

[1]　https://worldwidescience.org/WWSfaq_C127L.pdf.

2.1.9　生物医药文献 PubMed/ Medline / PMC

PubMed、Medline 和 PMC 密切相关[1]。

PubMed 是目前最常用的文摘型数据库，迄今为止已收录 2500 多万条文献记录。收录范围不仅包括 Medline，还有期刊被 Medline 收录但文章已优先出版的文献、生命科学期刊出版商提交到 PMC 的文献、美国国立卫生研究院（NIH）基金资助作者的文献和美国国家生物技术信息中心（NCBI）书籍等。PubMed 是当今世界查找生物医药文献利用率最高的数据库。

Medline 是美国国家医学图书馆（NLM）期刊文献记录数据库。到目前为止，Medline 已经收录 5600 多种生物医学及生命科学相关学术期刊，文献记录数量超 2000 万条。Medline 由严格的文献选择委员会（LSTRC）进行选刊，目前 Medline 的文献都收录在 PubMed 中。

PMC（PubMed Central）是美国国立卫生研究院（NIH）提供的一项服务，存档生物医学、生命科学科研文献，PMC 获得 NLM 的授权，保存 NLM 收录印刷杂志的电子副本。由 NCBI 负责开发与维护，免费服务是 PMC 的核心原则，它既是一个数据仓库，更是一个资源整合中心。

PubMed 访问网址：

- http://www.pubmed.com
- http://www.pubmed.org
- http://www.pubmed.gov
- http://www.ncbi.nlm.nih.gov/pubmed/

Medline 可以在 PubMed 中限定 Medline 子集。在 Web of Science 平台、EMBASE 数据库[2]、Ovid[3] 平台也能检索到 Medline 的数据。

PMC 访问地址：

- http://www.pubmedcentral.com
- http://www.pubmedcentral.org

---

① https://zhuanlan.zhihu.com/p/39600724.

② EMBAS：https://www.elsevier.com/solutions/embase-biomedical-research. Elsevier 公司独家版权的生物医学与药理学文摘型数据库，以及全球最大的医疗器械数据库。

③ Ovid：威科公司（Wolters Kluwer）旗下的信息服务平台，该平台集成生物医学专业的各类型资源，为课题调研、文献管理、循证决策提供一站式研究解决方案。官网：https://ovidsp.ovid.com/autologin.cgi.

■ http://www.ncbi.nlm.nih.gov/pmc/

2.1.10 EBSCO

EBSCO（EBSCO Information Services）是图书馆服务业务先驱 EBSCO Industries, Inc. 旗下的子公司，资源服务网址为 https://www.ebsco.com/。EBSCO 是研究数据库、电子期刊和电子包订阅管理、图书收藏开发和采购管理的领先提供商，也是图书馆技术、电子书和临床决策解决方案的主要提供商，为大学、学院、医院、公司、政府、K12（幼小初高中）学校和全球公共图书馆。EBSCO 为 Medline 等多家数据库提供支持，根据 EBSCO 2022 年发布的官网数据，其信息服务部门提供超过 240 万本电子书，其中 30 万余种无数字版权，提供主题广泛的电子读物和有声读物。EBSCO 有近百余个在线文献数据库，其中学术期刊数据库（Academic Search Premier）检索类别多，包括农业、环境、艺术、医学、人文、物理、法律、政治、心理学及商业等 30 种，可搜索引用参考文献的期刊 1046 种，来自美联社从 1930 年至今的 75 000 多个视频片段，并对 5055 种活跃全球的 OA 期刊进行管理和索引，为研究人员提供可用的最佳学术内容。

通过 EBSCO 的发现服务（EDS）和 EBSCOhost 索引的 OA 期刊，可访问最佳学术内容。研究人员可以访问经过同行评审的重要研究。EBSCO 为开放获取计划的坚定倡导者，索引开放存取数据库，包括来自开放获取期刊目录（DOAJ，参见本章 2.4.4 节）的内容，支持 Unpaywall，提供 EBSCO 电子书开放获取专著专辑，确保对开放教育资源的访问，提供对开放论文的访问，免费数据库包括 GreenFILE、HathiTrust、SeLaDoc、LISTA 等。

2.1.11 WorldSciNet

WorldSciNet（WSN）是世界科技图书、期刊和数据库的提供平台，源于新加坡世界科技出版公司（World Scientific Publishing Co Pte Ltd），资源服务网址为 https://www.worldscientific.com/。该公司在新泽西、伦敦、慕尼黑、日内瓦、东京、香港、台北、北京、上海等地设有办事处，是世界领先的学术和专业出版商之一，也是亚太地区最大的国际科学出版商。世界科技出版公司每年出版约 600 种新标题和 140 种不同领域的期刊，目前已出版超过 12 000 种期刊。每年出版新书 400 多种，多本书成为哈佛大学、加州理工学院、斯坦福大学、普林斯顿大学等知名院校推荐教材。

公司在 1991 年开始出版所有学科全部诺贝尔讲座系列，包括物理学和天文学、化学、生理学或医学、经济科学和文学，向广大受众开放许多诺奖获得者的科学、文学和人道主义成就。

世界科技出版公司旗下拥有世界科技（WSPC）、帝国学院出版社（ICP）两大科技出版的知名品牌，专职出版高科技书刊，内容涉及基础科学、计算机科学、工程技术、医学、生命科学、商业与管理等各学科领域。公司在版权合作领域非常活跃，主要版权转让语种有：法文、德文、意大利文、日文、西班牙文、俄文、韩文等。还与国际同行威立、爱思唯尔、普林斯顿大学出版社（Princeton University Press）等合作出版书籍。

世界科技出版公司致力于广泛传播高质量的学术出版物，其开放获取功能，提供浏览学术顶级期刊、书籍和会议文集，与最新的开放获取要求保持完全一致，作者的科研文章能够在网上免费获取、编辑及重复使用。世界科技目前有 120 多种开放获取期刊或混合开放获取期刊具备"金色获取"权限。

2.1.12　Scopus

Scopus 是爱思唯尔推出的摘要和引文数据库，资源服务网址为 https://www.scopus.com/。Scopus 涵盖来自约 11 678 个出版商的近 36 377 个标题，其中 34 346 个是顶级学科领域的同行评审期刊，包括生命科学、社会科学、物理科学和健康科学。其 3 种来源为丛书、期刊和贸易期刊。Scopus 搜索还包含专利数据库的搜索[①]。

Scopus 数据库最大特点是对所涵盖的所有期刊每年依据四类量化衡量标准进行充分的高质审查，四类指标是 h–Index（H 指数）、CiteScore（引用分）、SJR（Scientific Journal Rankings，科学杂志排名）和 SNIP（Source Normalized Impact per Paper，期刊标准影响指标）。Scopus 还提供作者简介，包括从属关系、出版物数量及其书目数据、参考文献以及每个已发表文章获得的引用次数的详细信息。Scopus CiteScore 为 Scopus 中所有 25 000 多个有效标题提供引文数据，并提供影响因子的替代方案。

---

① Scopus 涵盖内容指南 [EB/OL]. [2022–09–19]. https://www.elsevier.com/?a=69451.

2.1.13 免费论文获取工具 Unpaywall

Unpaywall 是一个浏览器扩展插件，由非营利机构 Impactstroy 开发，可在全球 5300 多个图书馆和数据库中搜索学术论文，免费获得。其资源服务网址为 http://unpaywall.org。Impactstroy 推出了 oaDOI（一种 API）或一组程序指令，允许研究人员根据 DOI 在该数据库中搜索论文），利用 oaDOI 可以在查看论文时确认文章是否有合法免费版本，并以绿色"解锁"标志或灰色"未解锁"标志显示，用户可通过该扩展插件跳转至对应学术论文的免费版本网站进行阅读或下载。Unpaywall 与谷歌学术的最大区别在于谷歌学术不总能检索到免费的学术论文，而 Unpaywall 的优势则在于其针对免费学术论文的便利可达性。

2.2 英语科学数据资源与服务

科学数据（Research Data）也称研究数据、科研数据，指数字化的研究数据，是研究过程中产生的能存贮在计算机上的任何数据，包括能转换成数字形式的非数字形式的数据。科学数据是科学研究的基础产出，是科学出版的重要内容（包括嵌入到论文、专著中的复杂数据等），是科学研究基本信息资源。因此，科学数据是重要的科技信息资源。

当前，全球越来越重视研究数据的管理与发布。资金资助机构、期刊或有些国家政府机构要求研究数据公开，保证研究数据再利用、研究成果可重复。科研成果中的数据公开，还可提升研究成果在全球的显示度。本部分介绍目前较为知名的英语科学数据资源与服务。

2.2.1 DataCite

DataCite 是在英国成立的国际非营利组织，由多家机构联合发起，包括大英图书馆、丹麦技术信息中心、荷兰代尔夫特理工大学图书馆、加拿大国家研究委员会科学技术信息研究所、美国加利福尼亚数字图书馆、美国普渡大学、德国国家科学技术图书馆等。其资源服务网址为 https://datacite.org/。DataCite 的服务目的：为科学数据创建元数据（Metadata）集，分配唯一标识符 DOI，增强数据搜索能力，与会员共同建立共享数据库和有效的引用机制[1]。

---

[1] What we do [EB/OL]. [20220-09-20]. https://datacite.org/value.html.

目前，DataCite 会员来自 40 多个国家的 250 多家单位，包括数据中心、图书馆、政府机构、研究型大学、大型出版商等。DataCite 官网上能看到 Crossref、Clarivate Analytics、F1000 Research Ltd.、Elsevier（Mendeley Data）、SAGE Publishing、IEEE、ORCID、ResearchGate、世界银行（World Bank）等数据库、出版商和学术服务机构都在会员之列。DataCite 中国会员有中国科学院计算机网络信息中心（Computer Network and Information Center of Chinese Academy of Science）、全国地质资料馆（National Geological Archives of China）、开放式地理建模与模拟平台（OpenGMS）、北京大学、清华大学、国家基因库（China National GeneBank）、中国散裂中子源（China Spallation Neutron Source，IHEP），以及香港中文大学（Chinese University of Hong Kong）等[①]。

2.2.2　Mendeley Data

Mendeley Data 具有完备的研究数据管理解决方案，由 Elsevier 在 Amazon Web Services 平台上托管，可帮助机构管理研究数据的整个生命周期：从数据发现、协作和数据标引到发布和分发数据集。在帮助研究人员提高工作效率的同时，还向科研管理人员或机构其他部门提供有价值信息，以监测、评估和展示研究数据形式的输出。

Mendeley Data 服务网址为 https://data.mendeley.com/，它是数据发现的强大搜索引擎，已经为全球 1700 多个公共数据存储库中约 2050 万个数据集建立了索引，在线提供数据文件内容的预览模式。

Mendeley Data 对研究者有益，它基于基金提供者或期刊内容的公开要求，分享科研数据。这些科研成果可被浏览、下载，或被引用。

2.2.3　Figshare

Figshare[②] 科学数据共享平台 2011 年 1 月由 Mrk Hahnel 创建，开发初衷是用于存储组织和发布支持干细胞学博士学位研究成果。2012 年开始由英国 Digital Science 公司运营，10 年以来 Figshare 服务专注于开放研究和开放获取，致力于 FAIR-ness，即可发现 Findable、可访问 Accessible、可互操作 Interoperable 和可重用 Reusable，为研究者赋能，传播科学前沿知识。其资源

---

①　DataCite members[EB/OL]. [20220-09-20]. https://datacite.org/members.html.

②　https://knowledge.figshare.com/about.

服务网址为 http://figshare.com。

Figshare 与各种机构、出版商、资助者和会议主办者合作，为研究创造有效环境，囊括公司、门户网站、实验室、政府、会议主办、预印本出版、资助者、出版商、研究机构等。

Figshare 是资源存储库，用户在这里可以上传其所有研究成果，它们可被引用、共享、发现；通过文件共享模式，可接收研究者上传的图表、多媒体、海报、论文（包括预印本）、文件、数据集等。所有内容对象被分配 DOI，基于 Creative Commons 许可协议共享数据，减少版权纠纷。

2.2.4 Dimensions

Dimensions 平台由 Digital Science & Research Solutions Inc. 公司出品，资源服务网址为 https://app.dimensions.ai。其目标是提供全新的研究信息，一个更开放和全面的数据基础设施，用户可广泛探索研究数据之间的关联。Dimensions 是基于大数据的新型综合科研信息数据平台，汇聚多种类型的海量科研信息资源，如经费、文献、专利、临床试验等，为科研人员、机构、出版商及科研经费资助机构所需的科技情报和决策提供支撑。

Dimensions 与有关数据平台、研究界合作共同创建数据库，在单一平台上提供最全面的链接数据集合：从资助、出版物、数据集和临床试验到专利再到政策文件。Dimensions 反映了整个研究生命周期，用户可以跟踪研究，从资助到产出再到其影响。对研究的"发现—获取—评估方式"进行了转型（图 2-1）。

众多研究相关数据，通常存储在互不关联的机构知识库和系统中。例如，来自公共和私人资助者的资助、会议录、预印本、书籍及章节、期刊文章、专利、临床试验和数据集等，获得所需情报既困难又耗时。Dimensions 关联来自无数源头的数据，提供可跟踪并可掌握完整研究周期的有关服务。

Dimensions 是世界上最大的关联研究信息的数据集，截至 2022 年 9 月，平台标引关联信息源情况如下。

■ 出版物：1 亿 3000 万件（包括期刊论文、会议文集、图书、预印本平台等）；

■ 数据集：1200 万个（和文献关联的各类研究数据集）；

■ 基金：600 万支（来自全球 500 家科研资助机构的基金数据）；

■ 专利：1 亿 4800 万条（包含全球专利数据）；

- 临床试验：72.4 万件（全球各大临床试验注册中心）；
- 政策文档：87.8 万个；
- 在线关注数据：2 亿 2600 万条（展现出版物与临床试验在全球被讨论的频率）。

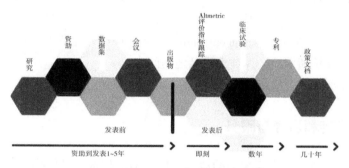

图 2-1　Dimensions 服务概念图 [①]

Dimensions 是综合科研信息大数据平台，通过对一系列综合科研信息大数据的挖掘，建立关联关系，打破信息壁垒，从研究主题、合作网络等维度梳理并呈现科研发展脉络。Dimensions 收录科研经费资助机构的经费信息，通过关注全球科研经费动向、文献产出及科研影响力情况，及时获取机构层级的科研进展，同时整合第三方数据，生成研究人员个人档案及科研合作网络图谱，为寻找科研合作和吸引人才提供决策支持。

2.2.5　Dryad

Dryad 数字仓储的资源通过数字治理（Curated），使研究数据可发现、免费重用及引用。Dryad 为各种数据类型提供通用的空间，资源服务网址为http://www.datadryad.org/search。

Dryad 源自一群引领期刊及科学团体的"联合数据存档政策（Joint Data Archiving Policy，JDAP）"倡议，通过"开放、易用、非营利、社团治理数据基础设施"来支持这一政策。Dryad 的愿景是促进全球研究数据的开放获取，与学术文献相整合，日常可重复使用，创造知识。Dryad 的宗旨是为学术文献提供基础设施，促进数据的再利用。

---

① https://www.dimensions.ai/dimensions-data/.

Dryad 的关键特征 [①]：

①灵活的数据格式，鼓励使用和进一步开发研究社团的标准。

②适应合作期刊稿件提交的工作流，容易提交数据。

③为数据分配 DOIs，研究人员可通过数据引用获得专业信用。

④数据治理专业人员提升数据质量，保证文件的有效性与描述信息的准确性。

⑤内容基于 Creative Commons Zero（CC0）许可，免费下载和重用。

⑥内容被长期保存，保证无限制地访问内容。

⑦开放与开源、应用标准技术。

2.3　英语专利资源与服务

专利是科技创新主要成果的载体，代表前沿技术，是值得重视的一手资源。专利文献的使用遵循专利法有关规定，相对统一规范、有章可循。

中国知识产权局（CHIPA）2022 年 7 月发布的智能化专利检索及分析系统是国家知识产权局专利审查和检索系统智能化升级项目的重要组成部分，旨在面向社会公众用户提供优质的专利检索、专利分析、文献浏览和数据下载等服务。新系统收录了 105 个国家与地区的专利数据资料，面向社会公众提供了 9 种语言版本的专利检索与分析功能。社会公众可直接利用官网（https:/pss-system.cponline.cnipa.gov.cn）进入新系统，获得各国和专利组织的一站式服务，本书无须赘述。

围绕本书宗旨，本部分聚焦美国专利及商标局和欧洲专利局英语专利资源的重要应用价值进行阐述，如何应用可参考官网指南及有关资料。

2.3.1　美国专利及商标局

美国是最早实施专利制度的国家之一。美国专利及商标局（USPTO，隶属商务部）是授予美国专利和注册商标的联邦机构。USPTO 履行立法部门"通过确保作者和发明人在有限的时间内享有他们的专有权，以促进科学和实用艺术的进步，以及保障各自著作和发现的权利"，根据宪法的商业条款注册商标。在这种保护制度下，美国工业蓬勃发展。美国的经济实力和活

---

① https://datadryad.org/stash/our_mission.

力直接取决于保护新思想和创新创意投资的有效机制。对专利和商标的持续需求凸显了美国发明家和企业家的独创性。USPTO 处于国家技术进步和成就的前沿。USPTO 就知识产权政策、保护和执法向美国总统、商务部部长和美国政府机构提供建议，并在世界范围内促进更强有力和更有效的知识产权保护。通过与其他机构合作，在自由贸易和其他国际协议中确保强有力的知识产权条款，进一步为美国创新者和企业家在全球范围内提供有效的知识产权保护[1]。USPTO 资源服务网址为 http://www.uspto.gov。

USPTO 每年收到专利申请案大约 10 万件，经批准获得专利权的约 7 万件。USPTO 专利数据库分授权专利库和申请专利库两部分，可分别利用。为使专利资料充分发挥作用，USPTO 成立了技术预测与评估处，分析研究国内外技术发展动向，介绍国外技术成就，接受委托作专题报告，研究提高文献效能等。

USPTO open data[2] 指出，开放数据是使数据能够被最终用户完全发现和使用，任何人都可以自由使用、重用和重新分发。其价值不仅在于它今天在做什么，还在于它将来能做什么。USPTO 将数据定位为宝贵资源，视为联邦政府、合作伙伴和公众的战略资产。USPTO 首席数据策略师 Thomas A. Beach 表示："在过去'解封'这些有价值数据几乎不可能，现在利用大数据和机器学习等新兴技术，能够更好地为客户服务。" USPTO 从机构成立之初就开始从事"开放数据"业务，并创建数据门户提高公共专利和商标数据的可发现性、可访问性和可用性。挖掘数据，借力数据将有限的研发资源用于有用之地，把握技术和创新趋势，把握竞争格局。

2.3.2　欧洲专利局

欧洲专利局（European Patent Office，EPO）拥有全球最大的专利文献库，EPO 成立于 1973 年，目前有 38 个成员国，包括全部 27 个欧盟成员国及挪威、瑞士和土耳其等国家。

EPO 资源服务网址为 https://worldwide.espacenet.com/patent，其官网 ESPACENET 目前包括 100 多个国家的 1.3 亿份专利文档。用户可订阅和检索欧洲专利信息，特别是浏览欧洲各国的专利说明书。同 CHIPA 一样，EPO 也

---

[1]　https://www.uspto.gov/about-us.

[2]　https://developer.uspto.gov/about-open-data.

提供智能服务。

EPO 核心服务提供欧洲专利检索和审查专利申请，以及授予欧洲专利，并提供专利信息服务，包括技术和竞争对手的情报、专利统计、专利评估与审计、专利策略建议和商业化与技术转让指南等，如图 2-2 所示。

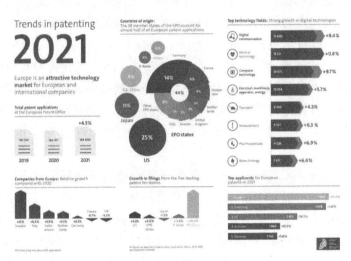

图 2-2　EPO 专利服务俯瞰[①]

2.4　英语互联网资源与开放获取资源

以 Google 为代表的 IT 公司，向广大网民提供网上海量资源的搜集获取服务，多类型的资源免费向公众开放。其学术、图书、专利等搜索服务，成为科技信息的巨大资源。

当今，开放获取成为学术交流的发展趋势，Nature 的 Open-access Drive 列入 2021 年值得关注的科学事件，欧盟、美国、日本等都在积极调整开放获取模式。预印本平台的快速出版与共享论文的速度在新冠疫情中发挥了能动作用，破解了科研成果快速发布与共享中的难题。

未来，在科研活动快速转向开放共享的模式中，互联网的开放资源、预

---

① https://documents.epo.org/projects/babylon/eponet.nsf/0/16FECA94020B5833C12587F90038D505/
$File/epo_patent_index_2021_infographic_en.pdf.

印本平台、开放获取门户网站必将成为科技信息资源的重要构成部分。

2.4.1　Google Scholar

Google Scholar 主要包括专业机构网站（如大学）、OA 期刊网站、学术著者出版商（如 ACM、Narure、IEEE、Wiley、SpringerLink、OCLC、万方、维普等）。其资源服务网址为 http://scholar.google.com，提供针对各大图书馆资源的链接和查询。Google Scholar 搜索的特点：①了解技术现状；②文献追踪；③获取文献全文。

2.4.2　CiteSeerX

CiteSeerX 源于 1997 年在美国新泽西州普林斯顿的 NEC 研究所，其目标是积极抓取和收集网络上的学术和科学文档。CiteSeerX 是一个公共搜索引擎和数字图书馆，主要面向计算机和信息科学领域的学术论文，资源服务网址为 http://citeseer.ist.psu.edu。它提供一种通过引文链接检索文献的方式，检索互联网 PostScript 格式和 PDF 格式的学术论文。CiteSeerX 被认为是 Google Scholar 和 Microsoft Academic Search 等学术搜索工具的前身。CiteSeerX 定位为任何人都可以自由使用的非营利性服务，是开放获取运动的一部分。CiteSeerX 免费提供所有索引文档的开放档案倡议（Open Archives Initiative）元数据，将索引文档链接到其他元数据源，如 DBLP 和计算机协会（ACM）门户。为促进开放数据，CiteSeerX 在知识共享许可下，以非商业性共享其数据。

2.4.3　Bioline International

Bioline International 是拥有获得互相认证的公共卫生、食品及营养安全、医药和生物等多个领域资料的最值得信赖的传统搜索引擎之一，资源服务网址为 http://www.bioline.org.br/。网站向第三世界国家提供免费访问权限，以促进交流。Bioline International 成立于 1993 年，提供来自 15 个国家共 70 种有关农作物科学、生物多样性、公共卫生和国际发展等方面的信息。

2.4.4　DOAJ

DOAJ（Directory of Open Access Journals，开放期刊目录）是由瑞典隆德大学（Lund University）图书馆于 2003 年 5 月构建的 OA 期刊资源整合平台，

目标设定为收录所有学科和语种的高质量 OA 期刊。资源服务网址为 http://www.doaj.org。DOAJ 收录实施同行评议或编辑质量控制的期刊，包括很多 SCI 期刊，用户可预览、下载、复制、传播、打印、检索或链接全文。

2.4.5　arXiv

arXiv 是预印本（e-print）服务，是研究人员的成果在正式出版物发表之前，出于与同行交流的目的自愿先行在学术会议或 Internet 上发布论文、科技报告等，资源服务网址为 http://arxiv.org。其特点是交流速度快，利于学术争鸣。arVix 由康奈尔大学运维，涉及物理、数学、非线性科学、计算机科学等领域的 e-print 服务平台。arXiv 的主要功能为论文检索、上传自己的论文。

2.4.6　BASE

BASE 是比勒费尔德学术搜索引擎（Bielefeld Academic Search Engine）的简称，是世界级海量内容的搜索引擎之一，专注于学术开放获取网络资源。其资源服务网址为 https://www.base-search.net。由德国比勒费尔德大学图书馆负责运营，提供对全球学术资源的集成检索服务。它整合了比勒费尔德大学图书馆目录和大约 160 个开放资源（超过 200 万个文档）的数据。

BASE 提供来自 8000 多家供应商的超过 2.4 亿份文档。可免费获取约 60% 的索引文档全文。可检索超过 20 种语言的国内外期刊文献、论文 / 毕业论文（本科、硕士、博士、博士后）、杂志报纸等。BASE 提供的文献来自 4000 多个信息源，最大的特点是它可以智能化地选取资源，且只有高学术质量和高相关性等特殊要求的文件才被收录。

2.5　美国科技政策与科研管理资源

科技政策、科技管理攸关科技竞争大局。科技政策反映政府导向、科研管理信息如 R&D 资助课题，反映科技前沿问题。它们是科研工作者制定研究规划的战略遵循。战略是什么？引用竞争战略之父 Michael E.Porter 的金句，"战略就是让自己在竞争中脱颖而出，这并不是要在你所做的事情上做得更好，而是在你所做的事情上与众不同"。由此得出结论，科技政策与管理信息的有效利用，是创新发明的战略保障，科研工作者要特别重视。

在科技创新白热化、地缘政治复杂多变的环境下，英语科技政策与科研管理资源的综合利用其意义无须再论，本书以美国为例展开描述。

美国是全球科技创新的引领者，在变革性科技方面处于领跑地位。50多年前，美国宇航员登上了月球；近40年前，美国开创了互联网时代；21世纪初，美国加快了医学诊断和癌症治疗的步伐，在人工智能和量子计算方面深度布局。所有这些科技突破都受惠于科技政策，科技政策引领科技创新[①]。科技政策在兴建基础设施、调度科技资源方面发挥着重要的决策作用。科技政策是强大的工具，其型范了当今世界，无疑影响未来世界。科技创新者必须提升跟踪科技政策资源与科技管理资源的意识。

除了美国的科技政策信息，其科研管理信息尤其是美国国家科学基金会和美国国立卫生研究院的研发资助动态，是全球的标杆。

2.5.1　美国科学信息门户网站

Science.gov 是获取美国政府科学信息的门户，网址为 https://www.science.gov/。该网站由科学政府联盟（Science.gov Alliance）管理，免费提供横跨13个联邦科学机构的研发产出和科技信息[②]。该联盟的机构约占联邦研发预算的97%。

13个联邦科学机构如下。

①农业部（https://www.usda.gov/）；

②商务部（https://www.commerce.gov/）；

③国防部（https://www.defense.gov/）；

④教育部（https://www.ed.gov/）；

⑤能源部（https://www.energy.gov/）；

⑥卫生和公共服务部（https://www.hhs.gov/）；

⑦国土安全部（https://www.dhs.gov/）；

⑧内政部（https://www.doi.gov/）；

⑨交通部（https://www.transportation.gov/）；

⑩环境保护局（https://www.epa.gov/）；

⑪ 国家航空航天局（https://www.nasa.gov/）；

⑫ 国家科学基金会（https://www.nsf.gov/）；

---

① 武夷山 . 美国科技政策是如何制定的 [N]. 中国科学报，2019-06-14.

② About Science.gov [EB/OL]. [2022-09-21]. https://www.science.gov/about.html.

⑬ 美国政府出版办公室（https://www.gpo.gov/）。

Science.gov 为用户提供搜索 60 多个数据库、2200 多个网站，以及 2 亿多个权威联邦科学信息的网页，包括全文、引文、联邦科学机构资助的科学数据及多媒体信息等。

Science.gov 提供免费的期刊论文、经过同行评审已接收的手稿、联邦科学机构资助的研究报告，以及这些机构的公开获取政策及要求等。

Science .gov 于 2002 年启动，一直是机构间自愿合作的典范，是美国科学机构为改善国家科研信息的公共基础设施和获取渠道而采取的开创性举措，对用户完全透明。信息免费，且无须注册。Science.gov 旨在为科学家和工程师、图书馆和商界、学生、教师、企业家及任何对科学感兴趣的人提供服务。Science.gov 还对 WorldWideScience.org 做出了贡献，参见 2.1.8 节有关内容。

2.5.2 美国国家科学基金会

美国国家科学基金会（NSF）的使命是"促进科学进步，促进国家健康、繁荣和福祉，确保国防安全"，服务网址为 https://www.nsf.gov/。NSF 是美国政府的一个独立机构，支持所有非医学的科学和工程领域的基础研究与教育，负责医学的同类机构为美国国立卫生研究院（NIH）。NSF 年度预算达到了 88.38 亿美元，2022 财年 [①] 约合 607 亿美元。中国国家自然科学基金委 2022 年一般公共预算支出预算为 362 亿元 [②]。NSF 资助的项目约占美国联邦资助的美国大学基础研究的 25%。在某些领域，如数学、计算机科学、经济学和社会科学等领域，NSF 是主要的联邦资助者。其下属的美国国家科学与工程统计中心（NCSES）是美国联邦统计系统的主要机构，是收集、解释、分析和传播有关美国及其他国家科学的客观统计数据的机构。NCSES 提供有关科学和工程相关的数据，美国和外国科学、技术、工程和数学（STEM）教育的状况和进展，以及美国在科学、工程、技术和研发方面的竞争力情况。NCSES 准备或协助准备多种不同的报告、简报和工作文件，其业务中心侧重于两个关键出版物：《科学与工程指标》（SEI）报告和《科学与工程中的妇女、少数民族和残疾人》（WMPDSE）报告。SEI 报告是中性政策，旨在为未来国内和

---

① https://www.nsf.gov/about/congress/119/highlights/cu22.jsp.

② https://www.nsfc.gov.cn/Portals/0/fj/fj20220324_01.pdf.

国际科学与工程政策的发展提供信息。根据 2020 年 SEI 报告的主题，NCSES 近几年的主要调研领域为：

①学术研究与发展；

②中小学数学与科学教育；

③科学与工程高等教育；

④发明、知识转移和创新；

⑤知识和技术密集型产业的生产和贸易；

⑥出版物产出：美国趋势和国际比较；

⑦研发：美国趋势和国际比较；

⑧理工科劳动力；

⑨科学技术：公众态度、知识和兴趣。

WMPDSE 报告由《科学与工程平等机会法》授权，提供有关妇女、少数民族和残疾人参与 STEM 教育和科学与工程劳动力情况的相关资料。WMPDSE 采取政策中立。

2.5.3　美国国立卫生研究院

美国国立卫生研究院（NIH）属于美国卫生和公众服务部，下辖 27 个研究所和研究中心，这些研究所和中心开展、协调跨生物医学科学不同学科的研究。NIH 既是科研机构又是科研资助机构，是美国最主要的医学研究资助机构，其在美国政府科技资助体系中占有举足轻重的地位。2021 财年获得联邦拨款达 429 亿美元，占联邦全部民用研发经费的 50.7%，并呈逐年上涨态势。NIH 的资助体系遵循联邦政府关于科研资助的政策规定，网址为 https://www.nih.gov/。

联邦政府的科研资助以竞争和非竞争两种方式发放。竞争性资助面向全社会开放，申请实体之间互相竞争，须通过同行评审才可获得资助；非竞争性资助主要面向国立科研机构发放，以稳定拨付的方式支持"科研国家队"的研究活动。NIH 既是科研机构又是科研资助机构，其年度经费的 80% 用于资助院外研究（Extramural Research），为竞争性资助；年度经费的 10% 用于支持院内研究（Intramural Research），为非竞争性资助；剩余 10% 用于科研项目管理等其他事务。

NIH 对科学家的资助具有力度大、范围广的特点。当前，在所有 NIH 资助过的科学家中，有 168 人获得诺贝尔奖、195 人获得拉斯克奖。院外研究项目是 NIH 资助科学家和研究机构的重要方式。据统计，NIH 每年通过院外研究项目资助 2500 多所大学、医学院等机构的约 30 万名研究人员，资助项目达 5 万个。NIH 下属 27 个研究所中的 23 个具有院内研究功能，是美国从事医学研究的"国家队"。NIH 院内研究常年保持一支约 6000 人的研究队伍，由在 NIH 工作的联邦政府雇员和在 NIH 进行短期交流、培训的院外和国际科学家构成。

政府资助并非科学家获得研究经费的唯一来源，但是政府资助仍是科研事业中不可或缺的动能，对科学家研究活动的保障作用不可替代：其一，重要性。政府对科学家的科研资助意义重大。对于基础研究领域和短期内无法产业化的冷门领域，政府资助可给予长期稳定的投入，使从事相关领域研究的科学家能够长期坚守。其二，规范性。美国政府为科研资助工作制定了一套严格可行的法律法规体系，从预算制定、项目申请、资金拨付、项目结题和审计各环节加以约束。其三，普遍性。NIH 每年向美国社会乃至国际提供 5 万余个项目机会和超过 300 亿美元的资助，对一些大型研究项目采取长期支持的政策，惠及面十分广泛，对顶级科学家的资助也包含其中。

2.5.4 美国科技政策决策与智库

2.5.4.1 政策决策体系

美国科技政策决策体系遵循美国《宪法》规定的三权分立体制，分为行政系统和立法系统，两个系统分工协作。美国总统掌握行政权力，拥有国家科技活动的最高决策权和领导权。国会拥有立法权力，科技立法草案、科技决策机构设置、重要科技官员任命及科技预算等都需要通过国会参议院、众议院两院审议和批准。

美国行政系统科技体制的最高协调机构是白宫科技政策办公室（the Office of Science and Technology Policy，OSTP）、总统科技顾问委员会（the President's Council of Advisors on Science and Technology，PCAST）、国家科学技术委员会（National Science and Technology Council，NSTC）。此外，有 6 个主要部门和机构组成资助体系：国防部、国立卫生研究院、国家航空航天局、美国能源部、国家科学基金会和美国农业部。

自 1976 年以来，白宫科技政策制定和咨询机制一直由 OSTP 管理，在主任办公室领导下，由 6 个核心政策团队组成，包括气候与环境、能源、健康与生命科学、国家安全、科学与社会，以及美国首席技术官。OSPT 针对科学和技术有关的所有事项向总统和总统办公厅提供建议；与联邦政府各部门和机构及国会合作制定科技政策；帮助联邦政府各职能部门和机构落实总统承诺及优先领域；与管理和预算办公室就联邦研究发展向总统提供建议预算。OSTP 的网址：https://www.whitehouse.gov/ostp/ostps-teams/。

总统科技顾问委员会（PCAST），成立于 1990 年，成员由总统任命，多是"在科学、技术和创新方面有不同见解和专长的非政府成员"，主要负责"涉及科学、技术和创新的政策事项"，并就所涉科技事项向总统提供咨询意见。PCAST 与总统关系密切，响应总统、副总统和 NSTC 的请求，提供有关联邦计划的反馈，并就具有国家重要性的科学和技术问题积极向 NSTC 提供建议。PCAST 平均每年举行 4 次公开会议，理事会成员没有任期限制。

国家科学技术委员会（NSTC），具有内阁地位，为总统服务，跨行政部门协调科学技术政策的决策，确保总统目标的贯彻和执行。成员由副总统、OSTP 主任、具有重大科学和技术责任的内阁秘书和机构负责人及其他白宫办公室负责人组成。工作由 6 个主要委员会组织：科技企业、环境、国土与国家安全、科学、语义学教育、科技，还包括两个特别委员会：研究环境联合委员会、人工智能特别委员会。

美国的科技政策研究所[①]（Science and Technology Policy Institute，STPI），原名关键技术研究所（Critical Technologies Institute），其性质为联邦政府资助的研发中心，该所由 NSF 提供经费资助，主要为 OSTP 提供决策支持服务。使命是围绕科技政策议题，为 OSTP、PCAST、NSF 及其他联邦机构（如国家航空航天局、国立卫生研究院、国家海洋大气管理局、能源部、卫生部、运输部、国防部等）提供客观的研究分析服务。关注的科技政策议题相当广泛，包括创新、环境与能源、科学、技术、工程与数学教育、航空航天、生命科学、科学计量学等。

2.5.4.2　政策智库[②]

（1）美国科学促进会

美国科学促进会（American Association for the Advancement of Science，AAAS）成立于 1848 年，是世界上最大的科学与工程学协会的联合体，也是

---

① 武夷山. 美国的科技政策研究所 [EB/OL]. [2022-09-23]. https://blog.sciencenet.cn/home.php？mod=space&uid=1557&do=blog&id=1060637.

② http://www.casisd.cn/xglj/qqzkjg/index_3.html.

最大的非营利性国际科技组织，下设 21 个专业分会，涉及学科包括数学、物理、化学、天文、地理、生物等自然科学和社会科学。AAAS 也是《科学》杂志的主办者与出版者。《科学》杂志是世界发行量最大的具有同行评议的综合性科学刊物，读者逾百万人。

AAAS 寻求"在全世界范围内促进科学、工程、创新，造福全人类"。为实现这一使命，AAAS 董事会制定了以下目标。

①强化在科学家、工程师和公众之间的沟通。

②促进和捍卫科学及其使用的完整性。

③加强对科技企业的支持。

④在社会问题上为科学发出声音。

⑤促进公共政策内科学可靠应用。

⑥科学技术力的加强与多样化。

⑦促进人人接受科技教育。

⑧增加公众对科技的参与。

⑨促进国际科学合作。

（2）美国竞争力委员会

美国竞争力委员会（The Council on Competitiveness）是以企业首席执行官、大学校长和劳工领导人为成员的全国性非营利性组织，对美国高层决策具有很大的影响力。

竞争力是提高国家生产力，持续增加国民财富的能力。一直以来，竞争力委员会利用其在整个竞争力生态系统中的统合者地位，将来自学术界、商业界、劳工界及国家实验室的成员聚集在一起，支持推动创业，激励新思维的商业化。通过务实的政策和优先权为人才服务，吸引投资，加快新技术的部署，强化创新基础设施，竞争力委员会努力使美国在全球市场中生产能力更高。

（3）美国国家科学院

美国国家科学院（National Academy of Sciences，United States，NAS），成立于 1863 年，是由美国著名科学家组成的科学组织，其成员在任期内无偿作为"全国科学、工程和医药的顾问"，是美国科学界荣誉性的政府咨询机构。

NAS 为非政府机构，是民间、非营利性、科学家的荣誉性自治组织，其下不设科学研究部门。它是美国科学界最高水平的四大学术机构（美国国家科学院、美国国家工程院、美国国家医学院、美国国家自然基金会）之一。

NAS 针对科技问题，负责向国家提供独立的客观建议。其致力于促进美国的科学发展，成员为国际科学界的活跃贡献者，大约 500 名现任和已故的成员获得过诺贝尔奖。创立于 1914 年的 *Proceedings of the National Academy of Sciences*（PNAS，美国科学院院报），与 *Nature*、*Science*、*Cell* 齐名的，世界上被引最多的综合性、跨学科连续出版物，是全球科研人员不可缺少的科研资料。

NAS 激励教育和研究，表彰对知识的杰出贡献，增进公众对科学、工程和医学问题的理解。国家科学院对政府的服务非常重要，国会和白宫多年来发布的立法与行政命令，依赖国家科学院的独特作用。

（4）美国国家工程院

美国国家工程院（National Academy of Engineering，NAE）和美国国家医学院（National Academy of Medicine，NAM）分别于 1964 年和 1970 年基于 NAS 章程成立。国家科学院、国家工程院和国家医学院等三院协同工作，为国家提供独立、客观的分析与建议，开展有关活动解决复杂问题，发布公共政策决策信息。NAE 网址为 https://www.nae.edu/。

NAE 拥有 2000 多名经同行选举产生的成员和国际成员，他们是来自商界、学术界和政府的资深专业人士，是世界上最有成就的工程师。他们为众多专注于工程、技术和生活质量之间关系的项目提供引领和专业知识。NAE 为国家提供工程引领服务，针对工程和技术问题提供独立建议，激励充满活力的工程专业的发展，让公众欣赏工程，进而促进国家的福祉和繁荣。

参考文献

[1] 陈泉，杨菲，周妍 . 信息获取与知识创新 [M]. 北京：清华大学出版社，2021.

[2] 学术论文的深网搜索方法 [EB/OL].（2020–05–05）[2022–10–23]. https://blog.csdn.net/qq_29831163/article/details/105932917.

[3] 万劢 . 美国政府对顶级科学家的资助研究：以国立卫生研究院为例 [J]. 全球科技经济瞭望，2022，37（2）：19–27.

第 3 章　日语科技信息资源与服务

20 世纪 60 年代，对石油高度依赖进口的日本通过收集《人民日报》等公开信息，准确获取大庆油田的位置、规模和生产能力，把握了重大商机。此案例被视为图情界竞争情报的经典案例，其成功代表了日本获取与整合不同来源信息的能力。

时至今日，日本创新力相对下降，但其惯性不可小觑。进入 21 世纪后的 22 年间，日本已获得了 20 个诺贝尔奖。为此，在全球科学界和网络界流传一句话，"日本科学呈'井喷式'发展"。虽然日本诺贝尔奖的数量与美国无法相提并论，但与欧洲少数发达国家匹敌。日本重视科研创新的民族根基值得持续关注。

诺贝尔奖与日本战后"经济腾飞"的历史密不可分，"科研至上"的环境为日本创新提供了良性土壤。其中，支撑日本科技创新的信息服务体系独具特色，日本"润物细无声"式服务是世界的典范。为此，本书在耳熟能详的英语资源外，选择日语作为小语种代表，综合介绍日语科技资源与服务。

日语科技信息即日本科技信息，主要来自文献数据库提供者、各级政府、学协会、行业联盟及有关媒体，内容涉及论文、科学数据、专利及科技政策与法律等。笔者针对日本信息源与服务进行了最新的调研与汇总。

在学术文献资源与服务方面，日本国立信息学研究所（NII）、日本科学技术振兴机构（JST），以及日本国会图书馆（NDL）是国家级信息资源聚集地，是信息传播与服务的权威机构，向全日本及全世界辐射扩撒。日本作为西方世界，在科学数据管理与共享领域处于第一方阵。NII、JST 均有独具特色的管理与服务平台，本章将重点介绍。日本的专利资源、政府学协会科技信息源，本章一并列举。

针对开放课题、开放科学、开放获取、开放数据方面，日本与欧美保持高度的一致性，相关服务比较有创意，也值得深究与借鉴。

3.1　日本科技信息资源与服务核心机构

3.1.1　NII 学术文献资源与服务

日本国立信息学研究所（National Institute of Informatics，NII）[①]的学术文献资源与服务源于其在日本的战略定位和发展历程。NII 既有中国 CALIS 的职能，又有中信所和中科院文献情报中心的职能，它还是全国学术信息基础设施的共享利用机构。NII 在全球情报学研究地位较高，其提供的学术资源与服务全面、技术含量高。

NII 的使命是基于信息学"编织"智慧，通过"研究 + 事业"双轮驱动，创造未来价值。NII 是日本唯一以信息学为基石"创造未来价值"的学术综合性研究所，影响力遍及全球。NII 科研领域覆盖了从信息学基础理论直至人工智能、大数据、物联网、信息安全等前沿课题。从长期战略视野出发，NII 立足于最广泛的研究领域，促进基础研究，倾全力开展以解决社会问题为导向的实践性研究。

NII 是日本大学的共享利用机构，精益构建和运营学术团体全部研究及教育活动必不可少的学术信息基础设施 SINET（Science Information NETwork，学术信息网络），开发学术内容的服务平台。在事业开展中积累经验与智慧，在学术研究中获得创新知识，通过事业与研究相互反哺解决日本社会面临的实际问题。通过应用最先进的技术，使其事业可持续发展。

3.1.1.1　NII 发展历程

NII 战略目标的实现从其发展历程可窥一斑，表 3-1 是 NII 里程碑事件一览。

[①]　https://www.nii.ac.jp/.

表 3-1　NII 发展历程 [①]

时间	事件
1973 年 10 月	日本政府学术审议会 [②] 第 3 次咨询答辩会议，作为基本政策，提出"学术信息流通体制改善"有关建议
1976 年 5 月	东京大学信息图书馆学研究中心成立
1978 年 11 月	针对"今后学术信息系统的存在方式"，文部大臣向学术审议会提出咨询要求，1980 年 1 月进行了咨询答复
1983 年 4 月	改组 1976 年成立的信息图书馆学研究中心，设置东京大学文献信息中心
1984 年 12 月	开始提供馆藏联合目录信息服务 NACSIS–CAT
1986 年 4 月	改组 1978 年设置的东京大学文献信息中心，设置国立学术信息中心 NACSIS（National Center for Science Information System）
1987 年 4 月	学术信息网运营及信息检索服务启用
1987 年 4 月	信息检索服务 NACSIS–IR 启用
1988 年 4 月	电子邮件服务开启
1989 年 1 月	学术信息网与美国 NSF 互联
1990 年 1 月	学术信息网与英国 BL（British Library，大英图书馆）互联
1992 年 4 月	跨图书馆互借系统开始运行
1992 年 4 月	互联网骨干网 SINET（Science Information NETwork）运营开始
1993 年 11 月	日本科学技术信息中心和基于 Gateway 数据库之间的相互利用开启
1994 年 4 月	与大英图书馆文献供应中心 BLDSC 馆际互借（ILL）互联服务开启
1994 年 11 月	千叶分馆竣工

---

① https://www.nii.ac.jp/about/overview/history/.

② 学术审议会，全称科学技术与学术审议会，是日本学术会议的主要功能。日本学术会议（日语，にほんがくじゅつかいぎ；英语，Science Council of Japan），是隶属内阁府的特别机关，"向政府建言"的智囊。其自认为是"在国内外代表日本科学家的机构"。日本政府亦可向其提出咨询要求，学术会议据此提交审议报告，也可针对某一问题主动向政府提出报告。学术会议讨论日本学术振兴基本措施。

续表

时间	事件
1995 年 10 月	学术信息网与泰国互联
1996 年 4 月	与国立国会图书馆的 ILL 互联服务开启
1997 年 3 月	国际高端研讨会大楼（长野县轻井泽町）竣工
1997 年 4 月	电子图书馆服务开启
1997 年 12 月	文部省设立信息领域核心学术研究机构存在方式调查协助者会议
1998 年 1 月	在学术审议会上提出"推进信息学研究方案"建议，建议将信息研究的核心研究机构作为大学共同利用机构进行设置
1998 年 3 月	信息领域核心学术研究机构存在方式调查协助者会议，提交报告
1998 年	4 月信息研究核心研究机构准备调查室设立，5 月成立委员会
1999 年 3 月	信息研究核心研究机构筹备调查委员会，提交报告
1999 年	4 月设立信息研究核心研究机构创建准备室，5 月成立准备委员会
1999 年 7 月	信息研究核心研究机构创建筹备委员会，提交中期汇总报告
2000 年 2 月	迁入学术综合中心大楼（进驻东京都千代田区一桥，日本的政治和经济中枢）
2000 年 3 月	信息研究核心研究机构创建筹备委员会，提交报告
2000 年 4 月	国立情报学研究所的设置，即学术情报中心的废止、转型
2002 年 1 月	超级 SINET 开始运行
2002 年 4 月	综合研究研究生院大学信息学专业设置
2002 年 4 月	GeNii[①]学术内容门户公开
2002 年 4 月	日美文献传递服务开始运行
2002 年 6 月	与美国研究图书馆（RLG）目录系统间互链接开始

---

① GeNii 包括论文信息、图书杂志信息、研究成果信息及专业学术信息。2014 年 3 月 31 日服务终止。有关学术内容检索可利用：CiNii Articles 寻找日本论文，CiNii Books 寻找大学图书馆的书，KAKEN 寻找科学研究经费资助事业数据库，JAIRO 寻找学术机构资料库门户网站。

续表

时间	事件
2002 年 9 月	研究企划推进室设置
2002 年 10 月	综合研究大学院大学（The Graduate University for Advanced Studies）设置国际大学院课程（信息学专业）
2002 年 10 月	元数据数据库共建事业启动
2003 年 1 月	全球联络办公室设立
2003 年 4 月	调查网格合作研究中心设置
2003 年 4 月	国际学术信息流通基础设施整备推进室建立
2004 年 4 月	（大学共同利用机构法人）信息与系统研究机构设置国立信息学研究所
2005 年 4 月	GeNii 学术内容门户正式投入使用
2007 年 6 月	学术信息网络 SINET 3①正式投入使用
2009 年 4 月	CiNii（NII 论文信息导航）、KAKEN（科研经费资助数据库）更新、JAIRO（学术机构知识库门户）正式公开
2010 年 2 月	NII 第 1 次湘南会议召开
2011 年 4 月	学术信息网络 SINET 4 正式投入使用
2011 年 4 月	图书馆合作与协作室的设置
2011 年 11 月	CiNii Books 公开
2012 年 4 月	JAIRO-Cloud（共享机构知识库服务）开始运行
2015 年 10 月	CiNii Dissertations 正式发布
2016 年 4 月	学术信息网络 SINET 5 正式投入使用
2022 年 4 月	学术信息网络 SINET 6 正式投入使用

---

① SINET 是 NII 针对全日本大学和研究机构的学术信息平台而构建并运营的学术信息网。旨在为教育研究相关机构、人员提供良好的学术信息交流环境。SINET 在全国设置了数量众多的节点，为各个地区的大学和研究机构提供最先进的网络服务。SINET 还提供连接商业互联网的服务。2002 年 1 月，SUPER SINET 开始运营，同年 9 月 SINET 开始提供 IPv6 接入服务。2007 年 4 月，SINET 和 SUPER SINET 合并为 SINET 3，开始运营。

3.1.1.2　NII 学术信息技术设施 SINET

SINET[①] 作为全日本大学、研究机构的学术信息基础设施，是 NII 构建运营的信息通信网络。在为大学、研究机构等提供先进网络服务的同时，为满足国际前沿科研项目对信息流通的需求，SINET 与许多海外研究网络互联互通，比如美国 Internet 2、欧洲 GEANT 等。自 2022 年 4 月起，SINET 5 升级至 SINET6，如图 3-1、图 3-2 所示。采用 400 Gbps 最高网速，向约 1000 所大学和研究机构提供服务。

SINET6のDCと接続形態

SINET6在日本国岛内外与各数据中心（DC）的连接速度多种多样，如右下角所示。

図 3-1　NINET 6 与各个数据中心 DC 连接形态示意

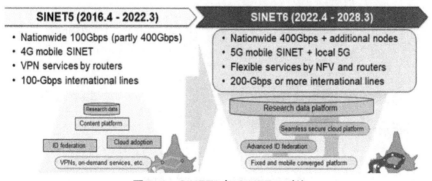

図 3-2　SINET6 与 SINET 5 对比

---

① https://www.sinet.ad.jp/aboutsinet.

SINET 与科研数据基础设施实现一体化云服务，是学术内容与科研数据的安全利用设施，它支持构建高性能的科研教育环境，促进全部学术领域的开放科学，如图 3-3、图 3-4 所示。

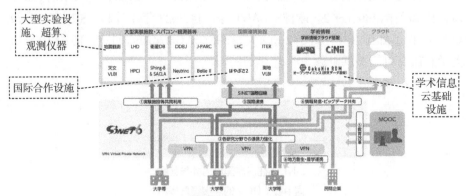

图 3-3　SINET 加盟机构与用户网络 [①]

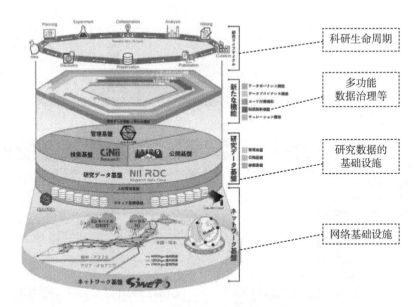

图 3-4　基础设施 SINET 6 架构

① https://www.keguanjp.com/kgjp_jiaoyu/imgs/2019/04/20190401_2.pdf.

截至 2021 年 3 月底的最新统计，SINET 有全日本 975 多所大学和研究机构加盟，超过 300 万名研究人员和学生使用。如表 3-2 所示，大学覆盖率国立大学达到 100%、公立大学约 96%、私立大学约 69%。

表 3-2　SINET 加盟机构最新统计 ①

	国立大学	公立大学	私立大学	短期大学	高等专门学校	共享利用机构	其他	合计
2020 年	86	86	424	82	56	16	225	975
覆盖率	100%	96%	69%	25%	98%	100%		

3.1.1.3　NII 科技信息资源与服务

NII 秉承学术信息的共享与公开原则，当前学术信息资源公开利用服务情况如下。

（1）CiNii Research

CiNii Research 是 NII 提供的数据库服务系统，是学术信息的导航，任何人都可利用。它不仅可检索期刊论文、大学馆藏图书、博士论文等典型的文献信息，还可检索研究数据、科研项目等与研究活动有关的信息，是科研人员及图书馆员寻找文献信息的基础。

- 日语服务入口：https://cir.nii.ac.jp/.
- 英语服务入口：https://cir.nii.ac.jp/?lang=en.

近年来，由于开放科学思想的渗透，除文献之外，研究数据及项目信息等与研究活动相关的诸多信息都趋于开放。受此影响，CiNii Research 不仅有文献信息，还包括外部合作机构、机构知识库等研究数据、KAKEN 的研究项目信息等，可进行横向检索。

（2）IRDB

IRDB（Institutional Repositories DataBase，学术机构知识库），收割日本国内机构知识库中的资源元数据，提供数据库服务。服务网址为 https://irdb.nii.ac.jp/。

---

① https://www.sinet.ad.jp/aboutsinet/document/count.

（3）KAKEN

科研经费资助数据库（KAKEN）涵盖来自文部科学省及日本学术振兴会（JSPS）科研基金的项目信息，具体包括研究采用时的课题信息、研究成果概要（研究实施状况报告、研究实绩报告、研究成果报告等概要）、研究成果报告及自我评价报告。日本科研经费补助事业覆盖所有学科领域，通过本数据库可以检索日本所有领域最新研究信息。KAKEN 的服务网址为 https://kaken.nii.ac.jp/ja/。特别指出，为方便获得国际合作研究有关信息，NII 为此提供专门服务，服务网址为 https://support.nii.ac.jp/ja/news/kaken/20211227-0。为方便获取更多的科研项目信息，KAKEN 与 JST 科研项目数据库进行整合，提供"GRANTS"（资助）信息服务，具体内容参见 3.1.2 节有关内容，服务网址为 https://grants.jst.go.jp/。

（4）NII-REO

NII-REO（电子资源仓储）向大学等教育研究机构，提供稳定、可持续的电子期刊等学术内容。上载 NII-REO 平台的内容基于 NII、日本大学图书馆联盟及与各出版社的协议或合同判定。服务网址为 https://reo.nii.ac.jp。

（5）ERDB-JP

ERDB-JP（日本电子资源数据库）为日本发行的电子资源数据库的共享服务，是集成电子期刊、电子图书的开放知识库，还提供"JUSTICE[①] 倡导下的数据共享"。ERDB-JP 改善了电子资源的获取环境，将日本大学出版物（称作纪要，相当于大学期刊）、日本国内出版物等向全球公开。

ERDB-JP 是在日本电子资源数量剧增、信息获取困难、管理问题大的背景下开发的服务，因为很多大学图书馆无法给用户提供国内电子资源正确的导航，为共享这些电子资源数据，NII 构建了 ERDB-JP 服务系统（图 3-5）。其网址为 https://erdb-jp.nii.ac.jp/ja（日语、英语界面）。

---

① JUSTICE（Japan Alliance of University Library Consortia for E-Resource，日本大学图书馆电子资源联盟），由 NII 与大学图书馆协调委员会联合成立。基本任务是以合同方式管理、提供和维护电子资源，保障与推进日本学术信息基础设施的发展。

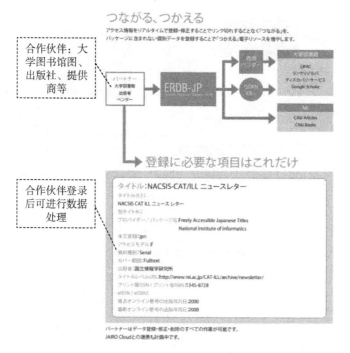

图 3-5   ERDB-JP 架构示意 [①]

（6）JAIRO Cloud

JAIRO Cloud 是 2012 年开始运营的云知识库服务，与 ERDB-JP 自动协同。其核心的机构知识库软件为 NII 开发的 WEKO [②]。JAIRO Cloud 在 2016 年 7 月伴随日本开放获取知识库联盟（Japan Consortium for Open Access Repository，JPCOAR）[③] 的成立，与 JPCOAR 共同运营，服务开始收费（图 3-6、图 3-7）。

---

① https://erdb-jp.nii.ac.jp/sites/default/files/ERDB-JP.pdf.

② 山地一祯, 李颖. 日本国立信息研究所研究数据基础设施概述 [J]. 情报工程, 2020, 6（1）: 4-10.

③ https://jpcoar.repo.nii.ac.jp/page/38.

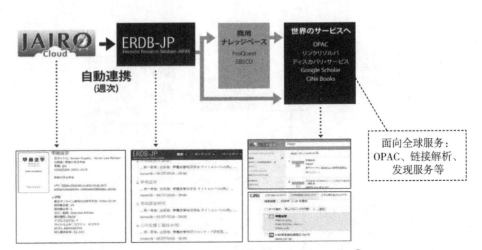

图 3-6　ERDB-JP 与 JAIRO Cloud 协同示意 [①]

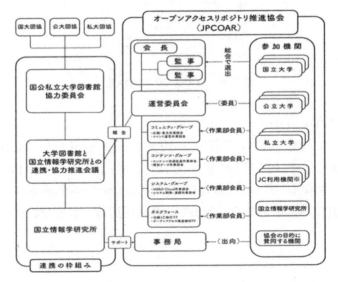

图 3-7　JPCOAR 组织体系及参与机构示意 [②]

---

① https://erdb-jp.nii.ac.jp/sites/default/files/ERDB-JP_2018.pdf.

② JPCOAR: Japan Consortium for Open Access Repository, 日本开放获取知识库联盟. https://
jpcoar.repo.nii.ac.jp/page/39.

3.1.2　JST 科技信息资源与服务

JST（Japan Science and Technology Agency，日本科学技术振兴机构）是依据《国立研究开发法人技术振兴机构法》而成立的国立研究开发法人单位，隶属于日本文部科学省。JST 作为实施日本《科学技术基本计划》[①] 的核心机构，肩负"科学技术创造立国"的重任。JST 全面推动从创新源泉的知识创作到研究成果的利用，回报社会与国民。提供保障这些工作顺利实施所需的科学技术信息，增进国民对科学技术的认知，开展战略性国际合作。JST 除了具有科研项目资助职能外，其他科技信息有关业务与中信所重合度很高，是中信所长期的战略合作伙伴[②]。JST 业务内容如图 3-8 所示。

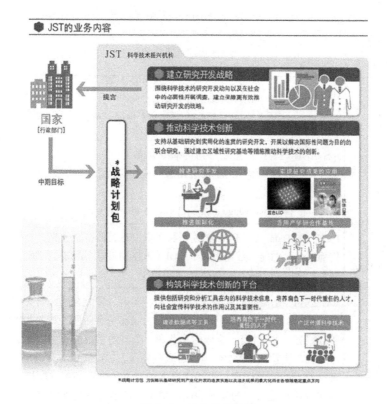

图 3-8　JST 业务内容

---

① 日本《科学技术基本计划》是根据 1995 年颁布的《科学技术基本法》制定的政府规划。

② https://www.jst.go.jp/inter/beijing/aboutjst.html.

3.1.2.1 JST 科技信息资源服务平台

JST 面向创新，对研发所需科技信息进行收集、系统化、应用组合。通过这些手段为科技情报的挖掘、创新、攻关等做贡献。JST 提供的科技创新信息平台服务（Japan Information Platform for S&T Innovation，JIPSTI）入口为 https://jipsti.jst.go.jp，其各种资源体系及服务如表 3-3 所示，JIPSTI 是 JST 信息事业的综合门户网站。除将 JST 信息事业部门运营的 J-STAGE、J-GLOBAL、reseachmap、JREC-IN Portal 等关联成一个整体之外，还汇聚时事新闻，以及其收集整理的科学技术文献、专利、研究人员、研究机构及科学技术术语数据库等。

表 3-3　JST 综合科技信息源与服务

资源类型 / 系统名称	服务描述 / 网址（界面语种）
文献 （预印本） JXIV	JXIV 是日本首个正式预印本服务端。 网址：https://jxiv.jst.go.jp/index.php/jxiv（日语、英语）
文献 J-STAGE	J-STAGE 是科技信息发布与传播综合系统。向全球发布学术电子期刊文献，可获得日本国内学协会出版的最新科技论文，以及论文与科研相关的信息。 网址：https://www.jstage.jst.go.jp/browse/-char/ja（日语、英语）
科学数据 J-STAGE Data	J-STAGE Data 发布 J-STAGE 刊载文章中有关的科学数据。具有数据的传播与仓储功能，数据被赋予 DOI（数据的 ID），数据可共享。 网址：https://jstagedata.jst.go.jp/（英语）
科技信息综合链接中心 J-GLOBAL	J-GLOBAL 是横断检索研究者、文献、专利、研究机构、研究课题、科技用语、化学物质、基因、资料、研究资源等各种科技相关基础信息的整合服务。"产学官"合作的从业者、公共图书馆的参考服务工作者、研究者、研发设计者、经营者、金融界人士、论文撰写及研究生等需要解决技术问题的线索、想知道自己的技术能否在其他领域扩展、想掌握同行业其他公司的技术动向、想了解搜索引擎查到内容背后的专业证据、想寻找最合适的共同研究的伙伴、想寻找和自己进行同样研究的人、想知道研究背景与想寻找参考文献、大学某项研究商品化等，以上人群和场景均可利用 G-GLOBAL，如图 3-9 所示。 网址：https://jglobal.jst.go.jp/（日语、英语）

续表

资源类型 / 系统名称	服务描述 / 网址（界面语种）
DOI 日本链接中心① Japan Link Center（JaLC）	Japan Link Center 对象是数字资源，实现 "链接全日本，永久可访问"。JaLC 是 2012 年 3 月 15 日由 IDF 认可的注册机构（RA）。目前由 JST、NIMS（国立研究开发法人物质与材料研究机构）、NII、NDL 共同运营，统一管理日本国内各机构保有的数字学术内容，诸如期刊论文、学位论文、书籍（报告）、研究数据、e-learning 等的书目与所在信息（URL），通过注册 DOI，强化海内外信息服务的便利性，促进国内学术内容的国际化传播。 网址：https://japanlinkcenter.org/top（日语、英语）
研究者 researchmap	researchmap 日本科研人员总览数据库。旨在收集、公开研究者信息的同时，为研究者提供信息发布的场所、研究者之间信息交换的 "场"（BAR）。此平台可以获得研究者、研究成果，以及研究团队信息。 网址：https://researchmap.jp（日语、英语）
创新人才供需信息 JPEC-IN Portal	JREC-IN Portal（图 3-10）定位为创新人才事业发展的支撑门户。为研究人员、研究辅助人员、技术人员提供职业规划和能力开发有关信息；收集求职者希望的研究职位信息、"产学官" 有关的研究与教育招聘信息。通过该门户，获取求职者与招聘机构双方信息。 网址：https://jrecin.jst.go.jp/seek/SeekTop（日语、英语）
文献（付费） JDream Ⅲ	JDream Ⅲ 覆盖科技及医学、药学相关日本文献，并可检索海外文献，是日本最大规模的高性能专业化科学技术文献数据库。现由专业公司 Fujitsu G-Search 负责运营。文献内容包括学协会的期刊、会议论文及预印本、企业技报、公共资料等，全面大量收录日本国内文献和著名国外出版社发行的海外文献。海外文献也有日语摘要。 网址：https://jdream3.com/

① DOI（Digital Object Unique Identifier），数字对象唯一标识符。国际 DOI 基金会（International DOI Foundation，IDF）是 DOI 系统的行政主体，成立于 1998 年的非营利性组织。2007 年年初，中国科学技术信息研究所和万方数据联合向 IDF 申请取得了 DOI 的中文注册权，并在此基础上成立了中文 DOI 注册中心，成为中文信息服务领域第一个 IDF 组织下的中文代理。建立并负责运作中文 DOI 的推广与应用，作为第一个中文合作式参考链接服务。万方数据研究院则是注册中心的日常管理基地。注册中心的任务与目标是通过与国内外相关机构的合作，推进 DOI 在国内出版界、信息服务界的应用，并积极探索通过 DOI 实现中文与英文文献资源的链接；注册中心不仅提供 DOI 的注册服务，而且还通过建设一个 DOI 中文应用平台与门户网站，提供基于 DOI 命名及应用相关的增值服务。在信息资源整合的基础上通过 DOI 系统提供更多的附加服务。

续表

资源类型 / 系统名称	服务描述 / 网址（界面语种）
文献（付费） JDream Expert Finder	JDream Expert Finder 可从百万名研究者中获取最佳合作伙伴。收录大约130万名研究人员的信息，覆盖全日本的国立大学、公立大学、私立大学、公共研究机构。其利用技术手段发现有潜力的青年研究者，基于循证方法推荐知识、推荐研究者。覆盖大约4300万件学术文献。 网址：https://jdream3.com/service/expert-finder/
文献（付费） JDream SR	JDream SR 是利用 AI 技术从临床和医药论文中抽取证据信息的一种服务。通过 AI 从 JDream Ⅲ 收录的日本国内医学药学文献信息及 MEDLINE 收录的世界医学药学文献信息，分析得到基因组医疗及医疗技术评价（HTA）所需的基因变异、药剂、疾病、结果等之间的关系，医生及评价者可有效抽取必要信息。仅需疾病及基因名称就可搜索。 网址：https://jdream3.com/service/jdream-sr/
生物科学数据库中心 NBDC	NBDC 涵盖生物科学研究相关信息、有价值的数据库，是生物科学数据库的整合应用，其致力于数据共享与整合的开发服务。主要应用场景为：数据库检索与参照；向应用开发者提供 API；向大规模数据分析人员提供基于程序的数据下载；向数据公开者提供数据公开平台、数据格式转换服务等。 网址：https://biosciencedbc.jp/
科研项目数据库 JST Project Database	JST Project Database 是 JST 提供的项目课题信息一元化检索服务，可检索竞争性基金制度下 JST 推进的研究课题等。JST 面向科技创新，推进战略性基础研究、产学合作研发、国际科技共同研究等各类研发。另外，JST 项目数据库与 KAKEN 融合检索服务 "GGANTS" 也已启动。 网址：https://projectdb.jst.go.jp/
研究课题综合检索 GRANTS[①]	GRANNTS 是指国家推进研发事业政策下实施的研究课题，可横跨实施机构及不同领域进行综合性检索。目前，可检索 JST Project Database 与 NII 的 KAKEN 收录的数据。 网址：https://grants.jst.go.jp/

---

① 日本科研费运营机构，还有1932年成立日本学术振兴会JSPS，主要业务为实施学术奖励，与 JST 同属文部科学省，其科研费数据库（HAKENHI）可访问 https://www.jsps.go.jp/j-grantsinaid/index.html。

续表

资源类型 / 系统名称	服务描述 / 网址（界面语种）
中日双向机器翻译服务	应用神经网络的高精度日中与中日机器翻译平台，是 JST–ISTIC（中信所）国际合作项目的成果之一。 网址：https://webmt.jst.go.jp/
化学物质链接中心	融合了国立公立研究机构、信息机构保有的化学物质有关数据库。可便利地调查对国民安全及科技基础、应用研究有益的化学物质信息，是化学物质信息的专业门户（图 3–11）。 包含系统有： ■ 日本化学物质辞典数据库（J-GLOBAL）； ■ 现有化学物质毒性数据库（JECDB）； ■ 有机化合物光谱数据库（SDBS）； ■ 高分子数据库（PoLyInfo）。 参与机构有： ■ JST； ■ 国立医药品食品卫生研究院（IHS）； ■ 国立研究开发法人产业技术综合研究所（AIST）； ■ 国立研究开发法人物质与材料研究机构（NIMS）。 网址：http://chemlink.jp
科学门户 Science Portal	科学门户是 JST 运营提供的科技最新信息综合性网站。不仅一般人可共享科技信息，研究人员及技术人员、学生也能获得对其研究有益的各种信息。信息内容包含当日科学新闻及各领域专家的多视角意见与报告、科学活动信息、各大学与研究机构发布的新闻稿等，满载不可不看的动态信息。 网址：https://scienceportal.jst.go.jp
产学官合作电子期刊平台	JST《产学官合作》电子期刊官网，开放获取检索专题文章。 网址：https://www.jst.go.jp/tt/journal

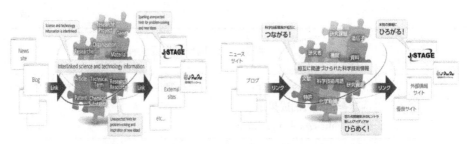

图 3-9　J-GLOBAL 概念图（左—英语；右—日语）

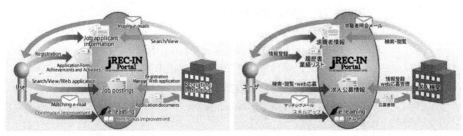

图 3-10　JREC-IN Portal 概念图（左—英语；右—日语）

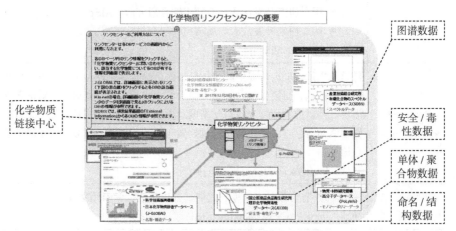

图 3-11　JST 化学物质链接中心概要

3.1.2.2　JST 智能服务平台

　　上一节全面记述了 JST 不同服务场景下的各类科技信息源与服务。"智能"是本书焦点之一，有关 JST 的智能服务本部分给出代表案例。

（1）JDream Expert Finder

JDream Expert Finder 通过智能手段发现有潜力的年轻研究者，基于循证方法推荐知识、推荐研究者。用户只需简单地输入关键词，就可从百万名研究者中获取最佳的合作伙伴，图 3-12 是其概念图。

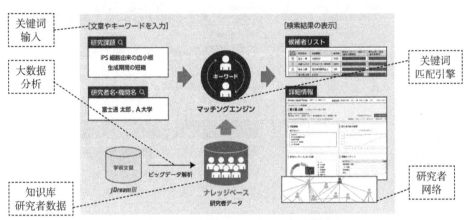

图 3-12　JDream Expert Finder 概念图

（2）JDream SR

JDream SR 是利用 AI 技术从临床与医药论文中抽取证据信息的智能服务。即利用 AI 技术，从 JDream Ⅲ 收录的日本国内医学药学文献信息及 MEDLINE 收录的世界医学药学文献信息中，分析抽取出基因组医疗及医疗技术评价（HTA）所需的基因变异、药剂、疾病、结果等之间的关系，使医生及评价者可有效地获取必要信息。此服务利用疾病及基因名称即可搜索，如图 3-13 所示。

JDream SR 利用 AI 技术从临床与医药论文中抽取证据信息，实现高效进行医学药学领域的文献调研（图 3-14）。

通过将论文进行知识的结构化处理，输出简明易懂。应用富士通自然语言处理研究的独家技术，采用人工智能抽取论文中包含的疾病名称及医药品名称等信息，从上下文分析"疾病与基因变异""疾病与基因""药品与效果指标"之间的关系。符合目标的证据（Evidence）情报以结构化易懂的方式呈现出来。

图 3-13　JDream SR AI 技术处理示意

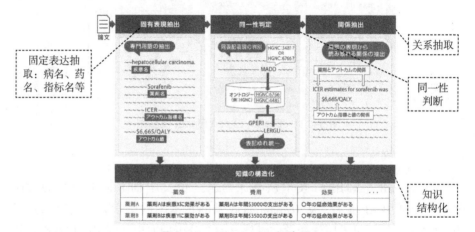

图 3-14　JDream SR 概念图

图 3-15 示例识别文本及上下文关系。通过分析确立疾病与基因变异、疾病与基因、药品与基因、药品与效果、效果指标与指标值之间的关系，并以高亮形式显示。

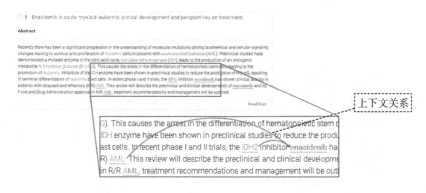

图 3-15　抽取 Enasidenib 与 IDH2、Enasidenib 与 AML 的关系

　　用表格形式呈现论文中的重要证据（图 3-16）。例如，这里用表格形式呈现出论文中描述的某基因治疗预后证据（Prognosis Evidence）、HTA 相关证据（ICER[①] Evidence）。

图 3-16　基因治疗与 HTA 相关证据

　　以统计形式呈现论文检索结果的关联信息（图 3-17）。例如，医药品关联基因变异的一览表、医药品在论文中出现数量的统计、论文中抽取证据的结构化知识等，这些显示使用户无须阅读正文就能掌握论文的精髓。

---

　　①　在医药经济学评价中，成本—效果分析结果指标是"增量成本效果比"，英文为 Incremental Cost Effectiveness Ratio（ICER），是医药经济学评价中最基础的方法路径。

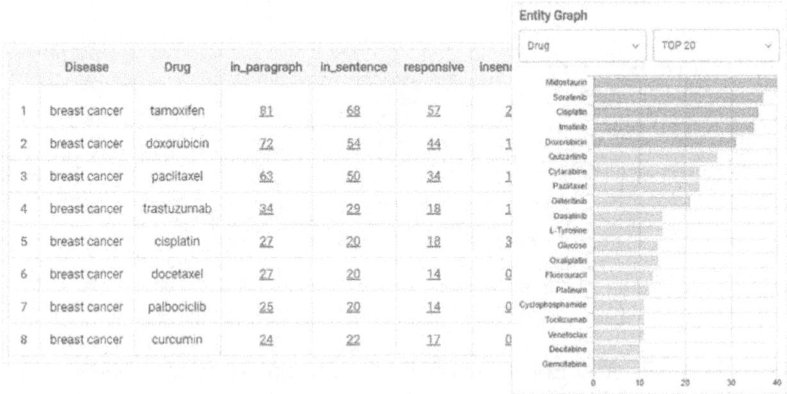

	Disease	Drug	in_paragraph	in_sentence	responsive	insen
1	breast cancer	tamoxifen	81	68	57	2
2	breast cancer	doxorubicin	72	54	44	1
3	breast cancer	paclitaxel	63	50	34	1
4	breast cancer	trastuzumab	34	29	18	1
5	breast cancer	cisplatin	27	20	18	3
6	breast cancer	docetaxel	27	20	14	0
7	breast cancer	palbociclib	25	20	14	0
8	breast cancer	curcumin	24	22	17	0

图 3-17　各语境下出现次数及检索结果药物排名

JDream SR 服务的底层技术由富士通研究所开发，以自然语言处理（NLP）和人工智能（AI）技术为基石。此技术是富士通研究所与京都大学、东京大学医科学研究所的产学官合作项目——生命智慧联盟（LINC）的共同研究成果，该技术经过了严格的评价与验证。项目组 G-Search 通过将此技术应用于医药学文献的大数据分析，并转化为“JDream SR”的智能服务。

3.1.3　JST 创新政策报告资源

JST 创新政策报告资源的服务网站为 https://crds.jst.go.jp/dw/（日、英）。由 JST 研究开发战略中心（Center for Research and Development Strategy，CRDS）主管。CRDS 秉持中立，对国家科学技术创新政策进行调查、分析、提出建议，其战略建议与报告外延如下。

①掌握、俯瞰、分析国内外社会及科技创新动态，以及与之相关的政策方向。

②精炼课题，提出科学技术创新政策及研究开发战略。

如图 3-18 所示，CRDS 通过俯瞰科学技术领域、俯瞰科技创新政策、分析社会期待、海外研发动态及政策、国际比较调查等，全方位把握研发状况，凝练重要的研发领域与课题群，充分发挥利益相关者的脉网络，提出战略性建议，制作研发俯瞰报告书。

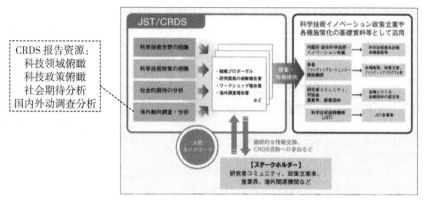

图 3-18　CRDS 工作流示意

CRDS 上述工作流的成果，提交给 JST 各事业部门、文部科学省及内阁府的各府省，以及"产学官"合作项目有关机关，是国家《科学技术基本计划》等有关科学技术创新政策、各府省的事业与项目制定的基础资料。研究者个体也可通过 CRDS 官网获取有关信息。

3.1.4　NDL 法律政策特色资源服务

NDL（The National Diet Library，国立国会图书馆）是日本唯一隶属国会（the National Diet of Japan）的国家图书馆。NDL 是基于《国会法》第 130 条规定，并在《国立国会图书馆法》规定下设立。DNL 的宗旨是为了满足国会议员开展有关的调查研究。

NDL 广泛收集保存国内外相关资料信息，是知识与文化的基础设施。NDL 不仅支撑国会各种议会活动，还同步向各级行政机构、司法机构及国民提供公共图书馆有关服务。限于篇幅，本书聚焦 NDL 独有的法律政策特色资源[①]。

（1）NDL Web 服务概览

DNL 在网络上提供各种数据库及内容服务，日本国会的立法信息是其重要职能，服务一览如表 3-4 所示。

---

① https://www.ndl.go.jp（日、英、中、韩语界面）。

表 3-4　NDLWeb 服务一览

类别	服务功能	概要
信息检索门户	NDL 检索（NDL Search）	DNL 检索可以链接到 NDL、日本国内公共 / 大学 / 专业图书馆、档案馆及学术研究机构提供的各种资源，是数字内容综合知识检索入口。 网址：https://iss.ndl.go.jp/？locale=zh&ar=27d7（日英中韩界面）
	NDL 典藏数据检索与服务（Web NDL Authorities）	NDL 编制并维护管理的规范化数据的统一检索、服务。 网址：https://id.ndl.go.jp/auth/ndla （日英界面）
立法信息	国会信息	向国会议员及国民提供国会活动有关资料与信息，支撑国会立法活动及议会对政府的监督，是国民与议会的纽带。信息包括"调查及立法考查局"刊物（领域 / 国家 / 地区）、科学技术调查项目、国会会议录与法令索引、立法信息链接集等。 网址：https://www.ndl.go.jp/jp/diet/publication/newpublication.html（日英中韩界面）
立法信息	国会会议录系统	检索从第 1 届国会（1947 年 5 月）起的国会与委员会的会议录信息，可阅览文本或图像。 网址：https://kokkai.ndl.go.jp/#/（日语界面）
	帝国议会会议录检索系统	可阅览帝国议会的会议与委员会速记。战前时期（1890 年 11 月至 1945 年 8 月）可阅览图像，战后时期（1945 年 9 月至 1947 年 3 月）可阅览文本或图像。 网址：https://teikokugikai-i.ndl.go.jp/#/（日语界面）
	日本法令索引	检索 1886 年 2 月"公文式"施行以后的法令、帝国议会及向国会提出的法案，以及法令改废经过及法案审议经过等信息。 网址：https://hourei.ndl.go.jp/（日语界面）
	日本法令索引（明治前期篇）	检索从 1867 年 10 月"大政奉还"到 1886 年 2 月（"公文式"[①]施行）之间制定的法令与改废经过等信息。 网址：https://dajokan.ndl.go.jp/#/（日语界面）

---

① "公文式"：1886 年敕令第 1 号规定了法律、命令的起草、裁决、公布的手续及施行时期等，进而规定了延续至今的法律、敕令、省令等法令形式。

续表

类别	服务功能	概要
馆藏检索	NDL 在线（NDL ONLINE）	NDL ONLINE 可检索 NDL 馆藏及 NDL 可利用的数字内容，各种线上申请服务。包含日文与西文图书、日文杂志及报纸、西文杂志及报纸、电子资料、国内博士论文等。也可检索以学术期刊为主的国内刊发的论文索引。 网址：https://ndlonline.ndl.go.jp/#!/?lang=en（日英语界面）
	数据库链接（Database Linker）	NDL 可利用的电子期刊（含免费期刊）、图书检索服务。 网址：https://resolver.ndl.go.jp/ndl01/az（日英语界面）
检索指南、专题信息	调研导航 Search Navi	将调查要点及可供参考的资料、便利的数据库、可用网站、相关机构等，针对调查有用信息按特定主题、资料群进行介绍。提供主题调查、资料调查、主题数据库、"查找"图书 4 类内容。 网址：https://rnavi.ndl.go.jp/jp/index.html（日英语界面）
检索指南、专题信息	参考咨询合作数据库	检索公共图书馆、大学图书馆、学校图书馆、专业图书馆及 DNL 本馆中的参考咨询案例，以及查找方法指导手册等。 网址：https://crd.ndl.go.jp/reference/（日语界面）
	Books on Japan	NDL 是日本唯一的国立图书馆，从前身帝国图书馆开始，收集国内外刊行的与日本相关的西文文献，并提供其书目信息速报。 网址：https://www.ndl.go.jp/en/dlib/standards/opendataset/index.html#bojdataset（日英中韩界面）
	最新动态门户 Current Awareness Portal	提供图书馆界、图书馆信息学相关的最新信息，也是免费的 OA 期刊。 网址：https://current.ndl.go.jp/en（日英界面）
数字资源	NDL 数字资源库	检索、阅览 NDL 收集并保存的数字资料。例如，图书、期刊、古籍、博士论文、官报、宪政资料等，涵盖国家机构（国会、NDL）、中央各省厅（相当于中国的部委）、地方公共团体（都道府县、市町村、特殊地方公共团体）、学术机构（大学、大学共同利用机构、学协会、独立行政法人）等。 网址：https://dl.ndl.go.jp/?__lang=ja（日英界面）

续表

类别	服务功能	概要
数字资源	互联网长期保存项目 WARP Web Archiving Project	互联网公开的众多有用信息资源的长期保存项目。 网址：https://warp.da.ndl.go.jp/?_lang=ja（日英界面）
震灾记录	东日本大地震长期保存	东日本大地震相关记录等，有助于未来的重建与防灾，收集、保存、提供大地震的记录等。 网址：https://kn.ndl.go.jp/#/（日英中韩）
电子展览会	电子展览会	以 NDL 独特的收藏资料为中心，配以深入浅出的解说，通过电子展览会方式展现如近代产业技术展等。 网址：https://www.ndl.go.jp/jp/d_exhibitions/index.html（日英界面）
实验系统公开	NDL 实验室	DNL 实验性服务。开发新一代图书馆系统关键技术的示范。 网址：https://lab.ndl.go.jp/index.html（日语界面）

（2）NDL 立法信息

NDL 提供的立法信息链接集是汇集日本国会、政府机关、有关机构、国内外各种信息源的入口，是 NDL 调查及立法考查局在研究国会发布信息及政策课题之上构建的立法信息源。所包含的日本国内及国外信息类别如下。

日本国内信息：

■ 国会→众议院→参议院→国立国会图书馆。

■ 政党→选举·政治资金→法令·判例等→司法→官公厅等→都道府县 ①→其他他公共团体。

■ 经济团体→劳动组合→综合经济指标。

■ 新闻（主要媒体）→舆情→调研机构·研究者→图书·杂志·报纸等。

■ 新冠感染症对策信息（首相官邸）。

国际·各国·区域信息：

■ 主要国际机构→亚洲各国→联合国。

■ 美国、英国、德国、法国、意大利、加拿大、俄罗斯、中国、韩国。

网址：https://www.ndl.go.jp/jp/diet/link.html。

---

① 县：日本的县相当于中国的省。

3.2　日本科学数据资源管理服务平台

3.2.1　GakuNin RDM 科学数据管理服务平台

NII 的 GakuNin RDM（Research Data Management）是面向研究者个体或研究团队在项目实施中需要管理科学数据及相关资料而搭建的科学数据管理基础设施。GakuNin RDM 与现有的存储设备及软件相互协同，可在闭环空间内实现项目文档的版本管理、项目成员内部访问控制。具有佐证研究公平性的研究轨迹记录功能、文档保存功能等。

（1）管理与共享研究数据

GakuNin RDM 可在跨机构研究人员之间实现快速管理与共享研究数据，不仅用于独立的研究活动，还可以作为共同研究的轴心（Hub），灵活用于不同规模及不同领域的研究项目。可与研究人员经常使用的云存储及外部工具进行协同。此服务支持学术身份联邦认证（简称"学认"，日语罗马字注音为 GakuNin）单点登录，无论远程工作或在出差地，在同一环境下可登录利用该服务，便于使用。图 3-19、图 3-20 为这一功能的概念示意和框架。

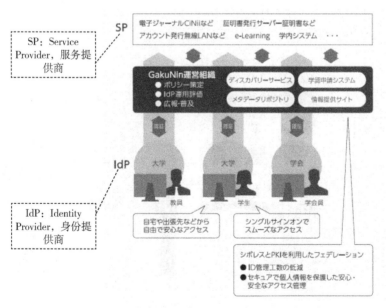

图 3-19　学术身份联邦认证 GakuNin 概念示意

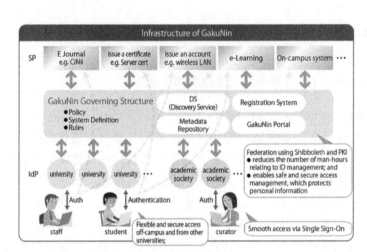

图 3-20　GakuNin 框架

（2）研究正当性佐证

GakuNin RDM（图 3-21）采用第三方认证时间戳进行研究证据管理，可证明系统中保存的数据在某时间存在，以支撑研究的正当性。此基础系统对研究数据进行统一管理，具有较高的数据治理功能。服务网址为：

- https://rcos.nii.ac.jp/service/rdm/.
- https://rdm.nii.ac.jp.

图 3-21　GkuNin RDM 概要

3.2.2　J-STAGE Data

　　J-STAGE Data 是 JST 运营的数据知识库。J-STAGE Data 以促进国家科学数据开放发展为目标，将"科技信息发布与传播综合系统 J-STAGE"上刊载文章的数据进行集中发布及扩散。

　　J-STAGE 收录的期刊可利用 J-STAGE Data 公开与其文章有关的数据。J-STAGE Data 公开的数据被自动赋予 DOI，保障开放获取数据向全世界扩散，实现数据在著作权人定义条件下的引用、共享、再利用等灵活使用。J-STAGE Data 为免费，不需要用户注册和登录。其网址为 https://jstagedata.jst.go.jp/，使用说明如图 3-22 所示。

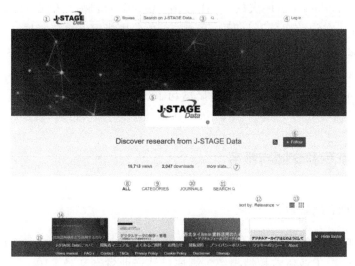

图 3-22　J-STAGE Data 首页

注：

① J-STAGE Data 的 Logo。

② Browse：浏览。

③搜索框：输入关键字即可开始搜索。

④ Log in：网站管理者及发布机构的用户可登录。一般用户不能使用。

⑤ Logo（页面中央）：点击后会出现 J-STAGE Data 的网站说明。

⑥Follow：面向网站管理者及发行机构用户的功能。一般用户不能使用。

⑦ more stats：点击进入 J-STAGE Data 的统计页面，可以看到数据项浏

览和下载情况。

⑧ ALL：点击后会显示 J-STAGE Data 中公开的数据项，按照公开日期的降序显示。

⑨ CATEGORIES：点击后，按照领域浏览 J-STAGE Data 中公开的数据项。

⑩ JOURNALS：点击后，浏览 J-STAGE Data 中公开数据的期刊列表。点击各期刊标志，会跳转到该期刊的页面。

⑪SEARCH：点击后会出现与③相同的搜索框，输入关键字即可开始搜索。

⑫Sort：可指定数据项排列顺序。默认为 Posted date（数据发布日期），也可按照 Citations（引用次数）、Altmetric Attention Score（关注度分值）、First online date（在线首次公开日期）等重排。可分别指定升序或降序。

⑬View：可选择 List View（列表形式）、Grid View（网格表示）。

⑭Item：点击各数据项，跳转至该数据项详细内容页。

⑮footer：在页面的最下方，显示与 J-STAGE Data 相关的信息、规则、手册等链接。

3.3 日本专利资源与服务

3.3.1 INPIT 战略定位

INPIT（The National Center for Industrial Property Information and Training，独立行政法人工业所有权情报馆）隶属经济产业省专利局（JPO），在 JPO 监管下提供知识产权信息服务、知识产权咨询服务、开放创新支持服务及知识产权教育培训等。INPIT 作为日本知识产权核心全方位支撑机构，针对全日本中小风投企业提供精准服务，视"知识产权"为"财富"的服务[①]。

INPIT 是日本唯一的知识产权综合支持机构，是在不断完善知识产权制度下的"信息"与"人"的基础设施，INPIT 致力于强化这一基础设施的应用"环境"。近年来，由于经济全球化及数字革命，行业间藩篱被打破，开放创新不断发展，中小风投企业充分利用这些优良技术获得飞跃发展的机会持续扩

_____

① https://plidb.inpit.go.jp/.

大。在上述背景下，2020 年 4 月日本开始实施的第 5 期中期计划中，将提高中小风投企业的知识产权"赚钱能力"作为 INPIT 的最大使命。未来，INPIT 将继续为日本企业的发展、创新做贡献，为日本的持续发展做贡献。针对重要的中小风投企业，举措如下。

（1）知识产权 × 可持续（Sustainability）

中小风投企业在各种制约中生存，人才是最大难题，其知识产权业务也不例外，没有人才的组织很难行稳致远。INPIT 有经验丰富的专业服务人才，不局限于一次性支援企业，持续在企业机制内发挥作用，即着力知识产权的持续应用，在人才层面深度服务。

（2）知识产权 × 管理（Management）

将知识产权作为发展的有效战略工具灵活运用到企业经营中，企业经营掌舵者必须理解知识产权。针对经营者认知不足，强化与经营者沟通，加深知识产权与经营的融合。

（3）知识产权 × 事后评价（Evaluation）

中小风投企业的知识产权问题千差万别。面对众多课题，找出有效方法，依据不同阶段进行精准支援。对方法的合理性进行评价与验证，不断提高常规支援的质量。

3.3.2　INPIT 情报应用场景

（1）查询目的

知识产权查询的目的主要有以下几种，以此获得长期的商业成功，如扩大利润、降低损失等。

■ 先行文献调查

先行文献调查是为了判断想要申请的发明创作是否具有新颖性，合理设定权利范围所需的必要信息，对专利、实用新型、外观设计、商标各类先行文献进行的查询。

■ 知识产权许可查询

确认是否侵犯了他人的知识产权（专利、实用新型、外观设计、商标等）的有关查询。

■ 制止侵害行为查询

他人仿制品的制造与销售等，制止侵犯本公司知识产权行为所进行的必要查询。

■ 研发动态查询

了解感兴趣领域技术开发动向（如行业内竞争对手的动向、其他行业中可能对未来构成威胁的企业动向、创新性高新技术等）的查询。

（2）查询工具

■ 知识产权查询利用知识产权信息检索数据库，INPIT 在专利局合作支持下免费提供专利信息平台 J-PlatPat。除此之外，还有专利信息服务商提供的高性能收费服务。

■ 互联网免费代表性数据库服务机构如表 3-5 所示。

■ 民间专利等信息提供服务商提供的高功能收费服务如表 3-6 所示；专利服务功能如表 3-7 所示。

表 3-5　专利信息互联网免费代表性数据库服务机构

系统名称	提供服务机构	公报等信息			
		专利	实用新型	外观设计	商标
PlatPat 专利信息平台	INPIT 与专利局联合提供 https://www.j-platpat.inpit.go.jp/	○	○	○	○
Graphic Image Park 图像设计公报检索辅助工具	INPIT 与专利局联合提供 https://www.graphic-image.inpit.go.jp/	—	—	图像设计	—
PatentScope	世界知识产权组织 WIPO 专利数据库 https://patentscope2.wipo.int/search/ja/search.jsf	○	—	—	—
Espacenet	欧洲专利局 EPO 制作的专利文献数据库 https://worldwide.espacenet.com/	○	—	—	—
Global Patent Index （＊免费试用 1 个月）	欧洲专利局 EPO 面向专业人士的服务 https://www.epo.org/searching-for-patents/technical/espacenet/gpi.html#tab-1	○	—	—	—

表 3-6　专利信息收费检索服务（日语五十音图排序）

服务提供机构	服务名称	专利 实用新型	设计	商标
ULTRA Patent	专利检索分析综合解决方案 https://www.ultra-patent.jp/About/Subscription	○		
Cyber Patent	知识产权数据收集 / 分析 / 管理系列服务 https://www.patent.ne.jp	○		
ODIS	专利检索、表示、管理等全方位服务 http://www.odis.co.jp	○	○	○
中央光学出版株式 会社	日本专利检索系统。专利调查业务有关功能 的提供。 https://www.cks.co.jp/home/Products/CKSWeb. html	○		
中央光学出版株式 会社	PatSnap Analytics https://www.cks.co.jp/home/Products/ PatSnapAnalytics.html	○	○	
一般财团法人日本 特许情报机构	Japio 世界专利以信息全文检索服务 （Japio-GPG/FX） https://japio.or.jp/service/service05.html	○		
日本专利数据服务 株式会社 Japan Patent Data Service	JP-NET https://www.jpds.co.jp/jp-net/jp-net.html	○	○	○
	NewCSS https://www.jpds.co.jp/jp-net/newcss.html	○	○	○
	因特网商标信息检索服务 「Brand Mark Search」 https://www.jpds.co.jp/branding/bmsearch.html			○
株式会社发明 通讯社	因特网专利信息检索服务 HYPATWeb 综合服务 HYPAT-i2 https://www.hatsumei.co.jp/hypat_i2/index.html	○	○	
Patentfield 株式 会社	Patentfield https://patentfield.com	○		

续表

服务提供机构	服务名称	专利 实用新型	设计	商标
松下解决方案技术 株式会社	PatentSQUARE https://www.panasonic.com/jp/business/its/ patentsquare.html	○	○	
株式会社日立系统	SRPARTNER https://www.hitachi-systems.com/ind/srpartner/ index.html	○	○	

表 3-7 专利服务功能

	功能名称	描述
1	概念检索功能 https://www.jpo.go.jp/resources/ report/sonota/service/document/h28- minkan/01.pdf	概念检索功能是仅需输入检索对象的文本信息，检索系统则会抽取高关联性专利公报。适用于不熟悉专利分类及关键词检索的场景
2	专利家族信息应用 https://www.jpo.go.jp/resources/ report/sonota/service/document/h28- minkan/02.pdf	专利家族信息是基于优先权信息关联国内与海外申请信息。与在单一国家进行专利检索一样，可设定专利分类和关键字，以多个国家的专利申请为对象进行检索。检索命中集合以家族为单位汇总
3	引用与被引信息应用 https://www.jpo.go.jp/resources/ report/sonota/service/document/h28- minkan/03.pdf	引文信息，可免费使用J-PlatPat的审查资料信息查询及过程信息查询获得。被引信息J-PlatPat不能查询，必须使用商业数据库
4	专利打分信息应用 https://www.jpo.go.jp/resources/ report/sonota/service/document/h28- minkan/04.pdf	商用数据库，自动计算专利质量、价值，以"专利打分"形式提供
5	SDI功能应用 https://www.jpo.go.jp/resources/ report/sonota/service/document/h28- minkan/05.pdf	SDI功能是预先制定检索式，登录该检索式，设定检索结果返回地址等，与登录检索条件一致的技术信息定期、自动地传递到登录地址

续表

	功能名称	描述
6	相似商标检索（名称检索） https://www.jpo.go.jp/resources/ report/sonota/service/document/h28– minkan/06.pdf	民间日本商标数据库中，某些对商标赋予了独自的名称。为减少名称漏检的风险，提供此服务功能
7	知识产权管理云服务 https://www.jpo.go.jp/resources/ report/sonota/service/document/h28– minkan/07.pdf	云服务的知识产权管理系统模式不需要构建系统，可削减系统导入和运营成本

（3）知识产权查询中的支撑网站

以下为专利产权查询中需要的支撑网站，介绍知识产权查询的工具、可利用的专利查询工具等。

● 专利信息平台（J–PlatPat）

https://www.inpit.go.jp/j–platpat_info/index.html.

● 图像设计公报检索支援工具（Graphic Image Park）

https://www.inpit.go.jp/info/graphic–image/index.html.

● 公报·审查资料

https://www.inpit.go.jp/data/index.html.

● 开放专利信息检索

https://plidb.inpit.go.jp/.

● 科研工具专利信息库

https://plidb.inpit.go.jp/research/home.

● 事业发展所用专利信息的调查与知识产权运用

https://www.inpit.go.jp/katsuyo/patent_search/index.html.

■ PCT 调查网站

● PATENTSCOPE 使用方法（WIPO 官网）

https://www.wipo.int/export/sites/www/about–wipo/ja/offices/japan/pdf/patentscopex.pdf.

■ 专利信息调查分析与应用的支援事业

● 中小企业等专利信息分析应用支援事业

https://www.inpit.go.jp/katsuyo/patent_analyses/index.html.

3.4 政府学协会科技信息源概况

日本与中国体制差别很大，除了文献、科学数据、专利以外，其他的科技信息源往往被研究者忽视，以下做出分类归纳，从而形成较为全面的日语科技信息资源体系。

（1）政府机关信息

■ e-gov 门户网站（行政服务、政策信息）（总务省）

https://www.e-gov.go.jp/.

■ 国家行政机关链接（总务省）

https://www.e-gov.go.jp/government-directory/ministries-and-agencies.html.

■ 白皮书、年度报告等

https://www.e-gov.go.jp/about-government/white-papers.html.

■ 国家预算决算（财务部）

https://www.mof.go.jp/policy/budget/.

■ 各行政机关的预算结算

https://www.mof.go.jp/policy/budget/.

■ 政府宣传在线

https://www.gov-online.go.jp/.

■ 政府网络电视

https://nettv.gov-online.go.jp/.

■ 政府统计的综合窗口

https://www.e-stat.go.jp/.

■ 官报（国立印刷局）

https://kanpou.npb.go.jp/.

■ 官报目录检索

https://www.gov-book.or.jp/asp/Kanpo/KanpoList/？op=1.

■ 政府刊物

https://www.gov-book.or.jp/.

■ 日本官厅资料（国立国会图书馆）

https://rnavi.ndl.go.jp/politics/entry/JGOV-tokei.php.

■ 日本官厅资料白皮书（国立国会图书馆）

https://rnavi.ndl.go.jp/jp/politics/JGOV–hakusyo.html.

■ white papers 英语版白皮书（英文、国立国会图书馆）

https://rnavi.ndl.go.jp/en/post–440733.html.

■ 日本官厅资料统计（国立国会图书馆）

https://rnavi.ndl.go.jp/jp/politics/JGOV–tokei.html.

■ 审议会等资料的调查方法（国立国会图书馆）

https://rnavi.ndl.go.jp/jp/guides/post_488.html.

■ 内阁议会决定等的调查方法（国立国会图书馆）

https://rnavi.ndl.go.jp/jp/guides/post_506.html.

■ 昭和前半期内阁议会决定等（国立国会图书馆）

https://rnavi.ndl.go.jp/cabinet/index.html.

■ 国立公馆数字长期保存

https://www.digital.archives.go.jp/.

■ 亚洲历史资料中心

https://www.jacar.go.jp/.

■ 外交记录公开目录

https://www.mofa.go.jp/mofaj/annai/honsho/shiryo/shozo/kokai_mokuroku.html.

（2）学协会发行资料

■ 医师会

https://www.med.or.jp/english/.

■ 日本机械学会

https://www.jsme.or.jp/.jp.

■ 日本机器人学会

https://www.rsj.or.jp/.

（3）公共机构与团体

■ JST

https://www.jst.go.jp/.

■ 经济产业省机器人政策网站

https://www.meti.go.jp/policy/mono_info_service/mono/robot/index.html.

■ 国际医学信息中心

https://www.imic.or.jp/.

- 制造科学技术中心

https://www.mstc.or.jp/.

- SECOM 科学技术振兴财团

https://www.secomzaidan.jp/.

- 日本科学技术振兴财团

http://ppd.jsf.or.jp/shinko/.

- 日本学术会议

https://www.scj.go.jp/.

- 日本机器人工业会

http://www.jara.jp/.

- 新信息技术

https://www.ntf.or.jp/.

- JST 科学门户

https://scienceportal.jst.go.jp/.

（4）学会

- 装备与控制工程学会

https://www.sice.jp/.

- 系统控制信息学会

https://www.iscie.or.jp/.

- 日本模拟学会

https://www.jsst.jp/.

- 信息处理学会

http://www.ipsj.or.jp/.

- 人工智能学会

https://www.ai-gakkai.or.jp/.

- 精密工程学会

https://www.jspe.or.jp/.

- 电子学会

https://www.iee.jp/.

- 电子信息通信学会

https://www.ieice.org/jpn_r/.

■ 土木学会

http://www.jsce.or.jp/.

■ 日本机械学会

https://www.jsme.or.jp/.

■ 日本建筑学会

https://www.aij.or.jp/.

■ 日本神经网络学会

http://www.jnns.org/.

■ 日本模糊逻辑与智能信息学会

http://www.j–soft.org/.

■ 农业食品工程学会

http://j–sam.org/.

■ 生物力学学会

http://www.sugano.mech.waseda.ac.jp/biomech/.

■ 人机接口学会

https://jp.his.gr.jp/.

■ 日本假肢装具学会

https://www.jspo.jp/.

（5）经济团体

■ 日本经济团体联合会（日本经团联）

http://www.keidanren.or.jp/index.html.

■ 经济同友会（同盟会）

https://www.doyukai.or.jp/.

■ 日本商工会议所（日商）

https://www.jcci.or.jp/.

■ 关西经济联合会（关经联）

https://www.kankeiren.or.jp/.

（6）舆情战略调查

■ 内阁府

https://www.ndl.go.jp/jp/diet/link_kokunai.html#anchor05.

■ 读卖新闻

https://www.yomiuri.co.jp/election/yoron–chosa/.

■ 朝日新闻

https://www.asahi.com/politics/yoron/.

■ 日本经济新闻

https://www.nikkei-r.co.jp/pollsurvey/results/.

■ NHK 放送文化研究所

https://www.nhk.or.jp/bunken/research/yoron/index.html.

■ 中央调查社

https://www.crs.or.jp/.

■ 舆论调查索引（日本舆论调查协会）

http://japor.or.jp/.

参考文献

[1]　JST. J-STAGE Data の概要（J-stage 数据概要）[EB/OL]. [2022-08-05]. https://jstagedata.jst.go.jp/.

[2]　JST. J-STAGE Data 用户手册 [EB/OL].（2021-11-01）[2022-08-05]. https://www.jstage.jst.go.jp/static/files/ja/J-STAGE_Data_user_manual.pdf.

[3]　NII 开放科学基础设施研究中心：オープンサイエンスのためのデータ管理基盤ハンドブック（第1版面向开放科学的科学数据管理基础设施手册）[EB/OL].（2022-07-27）[2022-08-05]. https://www.nii.ac.jp/service/handbook/.

[4]　张秀梅，李颖 . 国际信息科学前沿研究布局分析解读：以 NII 战略使命、组织架构及科研框架为例 [J]. 科技与出版，2014（9）：82-87.

第4章　多语言自动标引

本书第4～8章内容涉及多语言科技信息处理技术。其中，自动标引技术是检索系统的基础，也是自动摘要、自动分类、自动聚类、机器翻译等自然语言处理技术的重要前提。为此，本书将多语言自动标引排在技术之首。

自动标引（Automatic Indexing）指直接通过计算机的处理，赋予检索标识的活动，如用计算机自动给出能表达文本信息内容的主题词或关键词的过程。自动标引的常用定义是，利用计算机系统从拟存储、检索文献的各要素（题名、关键词、摘要及正文）中抽取用于揭示文献内容主题词的过程。而信息检索领域通常被称为自动标引，在文本挖掘领域通常被称为关键词抽取（Keyword Extraction）。

自动标引工作在图书馆学、情报学、自然语言处理等领域一直是重要的研发课题之一。早期的标引工作主要是手工进行，耗时耗力，主观性强，抽取不当往往会对后续的应用造成消极影响。随着信息爆炸、资源管理困难等一系列问题的出现，自动标引在信息检索、信息组织、文本聚类、文本分类、自动摘要、机器翻译等领域中的作用日益显著，大量自动标引技术、框架和工具涌现。

本章从自动标引的主要方法、关键技术及多语言自动标引的应用系统3个方面对相关工作进行介绍，并介绍著作团队的多语言自动标引技术，即基于混合策略的科技文献自动标引方法。

4.1　自动标引

按照抽取关键词的来源不同，自动标引可分为自动抽词标引和自动赋词标引两种类型。前者直接从原文中抽取能够鲜明表现文本内容的词汇或短语作为标引词，后者的标引词则来自人工预先编制好的受控词表。赋词标引受限于受控词表，抽词标引更加灵活实用。

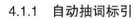

4.1.1　自动抽词标引

自动抽词标引是指直接从原文中抽取词或短语作为标引词来描述文献主题内容的过程。它涉及如何从原文中抽取能够表达其实质意义的词汇及如何根据这些词汇确定标引词。在手工标引中，标引员通常尽量选择能够较好反映文献主题内容的原文词语，其选择结果会受到一些因素的影响，如词语在文献中出现的频率、词语出现的位置（标题、结论、插图说明等）及其语境。假定文本以可读的形式存在，计算机程序就可以模仿人，通过对文本中词的频率、位置和语境标准来实施抽词标引。

自动抽词标引程序的基本算法是，抽取文本中的词汇，将词汇与一个停用词表比较，除去各种非实义词（冠词、介词、连词等），再统计剩下词汇的出现频次，并按其降序排列，排在前面的一些高频词被选作文献的"标引词"。选择标引词的分界点可根据下面几种标准来确定：词的绝对数、与文本长度有关的数、词频超过一定阈值的词。更复杂的算法则抽出在文本中经常出现的重要短语。文献可由此和短语联合进行描述，选择短语的频率标准要比选择重要词的频率标准低一些。

4.1.2　自动赋词标引

赋词标引是指使用预先编制的词表中的词来代替文本中的词汇进行标引的过程，即将反映文本主题内容的关键词转换为词表中的主题词（或叙词等），并用其标引的方法。

Maron 于 1979 年提出的概率标引模型采用基于相关频率的赋词标引方法，其标引过程是：选一批样本文献，去掉高频词和低频词，把这些文献按其主题归入适当的类目中，再统计候选关键词在类目中出现的频率，之后由人工最后确定一个词表。标引时用被标引文献中的词与词表进行比较，将匹配成功的词赋予该文献。DIA（Darmstadt Indexing Approach）方法则是一种基于决策概率（某标引词赋予某文献这一决策事件的正确性概率）的赋词标引方法。信任函数模型（Belif Function Model）也属于概率标引模型，它的标引过程是：将被标引文献与一个具有叙词集合的受控词表进行比较，对出现在文献中受控词表的每个叙词，根据其出现频率及同义词出现情况定义一个基本概率数，基本概率数大于零的叙词便可用于对具有该词的文献进行标引。

基于概念的赋词标引主要是使用概念词表作为标引词的来源。FASIT 法 [①] 就是一种典型的基于概念的赋词标引方法，FASIT 法的实现过程是：对文献中与其主题相关的词或短语赋予一定的句法范畴或几个范畴的组合，并给出相应的标记；然后采用与上下文相关的消除歧义规则，消除多重标记词的歧义性；最后利用一个概念形式词典进行概念选择，选出的概念经规范化处理后，计算其与其他概念之间的关联度，进而将同义概念进行概念归类，最终以概念类来标引文献。

目前，自动标引领域的研究多集中于抽词标引技术和方法，下面介绍的自动标引关键技术也主要是抽词标引领域的相关研究成果。

4.2　关键技术

按照采用技术的不同，自动标引可以分为无监督和有监督两种。其中，有监督方法需要借助已经标注关键词的语料训练自动标引模型，再利用模型对文档进行自动标引；无监督方法不需要训练语料或者人工的参与，直接利用标引系统完成对文档或文档集合的标引。文献 [1] 对目前常见的自动标引方法进行了总结和分类，如图 4-1 所示。下面就有代表性的自动标引技术进行简要介绍。

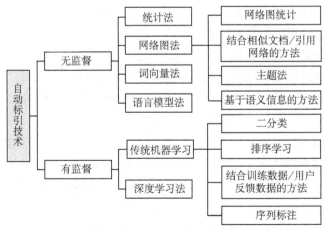

图 4-1　常见的自动标引方法

① DILLON M, GRAY A S. FASIT: a fully automated syntactically based indexing system[J]. Journal of the American society for information science, 1983, 34(2): 99–108.

4.2.1　统计方法

统计法是各类自动标引方法中使用历史最长、运用范围最广的方法，其利用文档中词语的统计信息抽取文档的标引词，相对简单且不需要外部数据和知识。根据其统计处理对象的不同及处理方法的差异，统计法又具体分为词频统计标引、加权统计标引等方法。词频统计法的出发点是根据词频统计结果，将出现频率较高并含有实质意义的词汇作为反映一篇文章主题的有效测度，这一测度就确定了标引词的选择范围。词频统计法的理论基础是著名的 Zipf 定律。词频统计法的原理虽然简单，但标引词的选择范围较大，难以高精度地选择标引词。为此可采取一些加权手段对词频统计法进行补充，逆文献频率加权标引法是其中的一种，该方法认为词的出现频率只对文献集合中某个确定的文献才有意义，而词的文献频率则是相对整个文献集合而言的。在文献频率一定时，词的出现频率越高，越能较好地揭示文献的主题内容，此时高频特征词是较好的标引词。词区分值加权标引法是另一种加权统计标引法。词区分值（Term Discrimination Value）描述了词的区分能力，如果一个词能较好地反映出文献集合中各文献的差异，则这个词区分文献的能力就较强。词区分值加权标引法与逆文献频率加权标引法基本上一致，对于前者来说，词的文献频率与词权重有互逆关系；而对于后者，词区分值与权值相一致。

基于统计的自动标引方法常见的统计指标主要包括以下方面。

①基于词权重，包括词计数、词频、文档频率、逆文档频率、TFI-DF 值、X^1 测度、平均词频、相对词频、词长等。

②基于词的位置信息（Term Location），包括文档前 N 个词、文档后 N 个词、段首 N 个词、段尾 N 个词、标题词、文档特殊位置词（摘要、引言、结论）等。

③基于词间的统计关联信息，包括互信息、均值、方差、词跨度等。

目前主流的简单统计方法是 TF-IDF（Term Frequency-Inverse Document Frequency）及其改进方法。TF-IDF 是由 Salton 于 1988 年提出的，用于评估一个词对一个文档集中的一篇文档的重要程度。其中，TF 为词频，衡量标引词描述文献内容的好坏程度，即在一篇文档中出现频率越高的词汇越能反映文档的内容；IDF 为逆文档频率，用于衡量词区分文档的能力，它阐明了在许多文献中出现的词语对区分相关文献和不相关文献没有什么作用。一个好的标引词需要平衡这两个指标。上述指标的计算方法如下：

$$f_{i,j} = \frac{freq_{ij}}{\max_l freq_{l,j}}, \qquad (4-1)$$

$$idf_i = \log\frac{|D|}{|D_i|+1}, \qquad (4-2)$$

$$w_{ij} = f_{i,j} \times idf_i = \frac{freq_{ij}}{\max_l freq_{l,j}} \times \log\frac{|D|}{|D_i|+1}, \qquad (4-3)$$

其中，$f_{i,j}$ 为词 k_i 在文档 d_j 中的归一化频次，$freq_{ij}$ 是词 k_i 在文档 d_j 中的出现次数，$\max_l freq_{l,j}$ 为文档 d_j 中词的最大出现次数；idf_i 为词 k_i 的逆文档频率，$|D|$ 表示语料库中的文档总数，$|D_i|$ 表示语料库中包含词 k_i 的文档总数，w_{ij} 表示词 k_i 在文档 d_j 中的权重。

TF-IDF 算法简单快速，应用范围较广。但传统 TF-IDF 算法也有明显的缺点，单纯以词频衡量一个词的重要性不够全面，有时重要的词可能出现次数并不多。而且，这种算法无法体现词的位置、词性和词间关联信息等特征，更无法反映词汇的语义信息。

4.2.2　复杂网络方法

基于复杂网络的自动标引方法是一种无监督方法，算法首先对文档进行预处理，然后以特征词作为网络的节点，词与词之间的关系为边构建网络图，再对网络图进行分析，在整个网络图上寻找起重要作用和中心作用的词或短语，将这些词或短语抽取出来做标引词。根据特征词之间的连接方式，网络的主要形式包括共现网络图、语法网络图、语义网络图及其他网络图。其中，共现网络图以两个词汇的共现关系（两个词汇邻接、在同一个句子、同一个段落、同一个章节或同一篇文档中出现即认为两者存在共现关系）构建网络；文档由词汇按一定的语法规则组合起来，语法网络图体现的便是节点间语法上的关系；语义网络图则通过词汇之间的语义联系（如上下位关系、部分—整体关系等）将词汇进行连接。

在使用基于复杂网络获得标引词的时候，需要评估各个节点的重要性，然后根据重要性将节点进行排序，选取 TopK 个节点所代表的词作为关键词。节点重要性的计算方法有以下 3 种。

（1）综合特征法

从网络的局部属性和全局属性角度定量分析网络结构的拓扑性质，测量这些基本属性的常用统计指标包括以下方面。

■ 度：节点的度是指与该节点直接相连的节点数目（有向图中有入度和出度），表征节点的局部影响力。

■ 中介性：包括节点介数和边介数，节点 i 的介数指网络中任意两点间的最短路径通过该节点的比例，反映节点控制性。

■ 接近性：节点 i 到其他节点最短路径之和的倒数，反映了信息传播的紧密度。

■ 离心性：节点 i 与其他所有节点距离的最大值。

■ 集聚系数：节点 i 的集聚系数是它的相邻节点之间的连接数与它们所有可能存在连接数量的比值。

■ 平均最短路径：节点 i 与图中其他节点最短路径之和的平均值。

（2）系统科学法

系统科学法进行中心性分析的思想是节点重要性等于该节点被删除后对于整个网络图的破坏程度。重要的节点被删除后会对网络的连通性、性能等产生影响。如果在网络图中删除某一个节点，图的某些指标产生了改变，可以根据指标改变的大小衡量节点的重要性，从而对节点进行筛选。

（3）随机游走法

随机游走法最著名的一个应用就是 PageRank 算法。该算法是整个 Google 搜索的核心算法，其根据网页之间的链接关系进行网页节点评分，计算网页的重要性，对网页进行排名。其中，某网页的重要程度由两部分决定，即链入该网页的网页数目及链入该网页的网页质量。具体来说，PageRank 算法利用网页间链接的指向关系构建有向图模型，将网页和网页间的超链接分别作为有向图的节点和边，计算链入各网页数量，从而对各网页进行重要性排序。该算法的计算公式为：

$$PR(A) = \frac{(1-d)}{n} + d \times \sum_{B \in \mathrm{In}(A)} \frac{PR(B)}{L(B)}, \tag{4-4}$$

其中，$PR(A)$ 和 $PR(B)$ 为网页 A 和 B 的值，d 为阻尼系数，表示用户浏览时跳转到该网页的概率，一般取值为 0.85，n 为网页总数，$\mathrm{In}(A)$ 指网页 A 的入链集合，$L(B)$ 为网页 B 的出度。

Mihalcea 等将 PageRank 应用于自动标引领域,并命名为 TextRank。针对一篇文档,TextRank 算法以词为节点,以词间关系为边,建立图模型,然后使用 PageRank 算法的投票机制计算节点权重,最后利用权重评分以抽取标引词。TextRank 的计算方法如下:

$$S(v_i) = (1-d) + d \times \sum_{v_j \in \mathrm{In}(v_i)} \frac{w_{ji}}{\sum_{k \in \mathrm{out}(v_j)} w_{jk}} S(v_j), \qquad (4-5)$$

其中,d 为阻尼系数,为连接节点与边的权重,v 为节点集合,该集合中的节点都存在边由指向。TextRank 算法中各节点权重的初始值相同,为 1。

TextRank 算法不需要训练数据,简洁易操作,且适应性强,对文本没有主题方面的限制。但 TextRank 是一种完全基于网络图关系的分析方法,在自动标引应用中具有一定的缺点:①所有词语的初始化权重相同,未考虑词汇位置、词频及领域性等特征;②词语之间的连接权重相同,忽略了词语间的语义相关性,也未考虑上下文及辅助信息。

4.2.3　主题模型方法

主题模型主要对文档隐含主题进行挖掘建模,该模型认为文档由不同领域或方面的主题构成,而主题则是多个词语的条件概率分布。最早的主题模型是 Papadimitriou 等提出的潜在语义标引模型(Latent Semantic Indexing,LSI),其通过对标引词—文档矩阵进行奇异值分解,将文档向量和标引词向量同时映射到与语义概念相关联的低维空间,得到文本主题的同时在一定程度上解决同义词和多义词问题。Hofmann 在 LSI 模型基础上提出了概率潜在语义分析模型(Probability Latent Semantic Analysis,PLSA),通过概率的方法模拟文档的生成过程。该模型认为:通过文档下的主题分布 $p(t|d)$ 和主题对应的词语分布 $p(w|t)$ 这两个条件概率分布,从文档的主题分布中确定一个主题,然后从主题词语分布中选择一个词语,重复 N 次,即可得到一篇包含 N 个词语的文档。

当前,最主要的主题模型是 LDA(Latent Dirichlet Allocation)模型,其在 PLSA 的基础上加入了 Dirichlet 先验分布,是 PLSA 模型的延伸。PLSA 采用了概率模型,但并不是一个完整的贝叶斯模型,$p(t|d)$ 和 $p(w|t)$ 直接根据数据估计出来,都是模型参数,并没有对这些参数引入先验。LDA 模型则

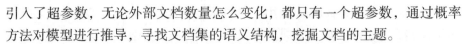

引入了超参数，无论外部文档数量怎么变化，都只有一个超参数，通过概率方法对模型进行推导，寻找文档集的语义结构，挖掘文档的主题。

LDA 模型的文档生成过程如下：对于一篇文档 d，假设文档—主题和主题—词分别服从带有超参数 α 和 β 的 Dirichlet 先验分布。这样，对于一篇文档的构成，可以看成是：首先从文档主题分布 θ 中抽取一个主题，然后从抽取到的主题所对应的词分布 φ 中抽取一个词，重复上述过程 N 次，即可以构成一篇含有 N 个词的文章。超参数 α 和 β 的推导方法有两种：一种是精确推导，如 EM（Expected Maximum）计算；另一种是近似推导，实际工作中通常用这种方法，其中最简单的是 Gibbs（Gibbs sampling）采样法。

利用训练语料得到 LDA 模型之后，可使用各个主题中词的分布来计算词的主题特征值：一种方法是假定每个词只能代表一个主题，取模型中各个主题下权重高的 TOP K 个词作为该主题的词；另一种方法假定主题区分度大的词是那些在某个主题下权重高而在其他主题中出现频率低的词语，每个词都只代表其最能代表的那个主题。计算出词的主题特征值之后，既可以作为标引词，也可以将词的主题特征值作为其他自动标引方法中词的一个特征使用。

主题模型具有良好的数学基础和灵活的扩展性，无须人工标注，对语言没有限制，能够获取文本语义相似性关系，解决多义词问题，在文本领域得到了广泛的应用和研究。但 LDA 模型依赖词袋模型实现，即假设所有词都是相互独立的，不能捕获词序和短语信息，在语义可解释性上也存在很大提升空间。

4.2.4 机器学习方法

基于传统机器学习算法的自动标引需要借助事先标注好标引词的文档集，将自动标引问题转换成二分类问题或序列标注问题。二分类问题将候选词语分为是或不是关键词两种情况，通过对候选词的特征抽取和计算，训练出标引词的分类模型，利用不同的分类器对标引词分类，常用的分类器包括贝叶斯、决策树、SVM、最大熵模型等。而序列标注问题则通常采用条件随机场（Conditional Random Field，CRF）进行自动标引。一般基于传统机器学习算法的自动标引方法流程如图 4-2 所示。

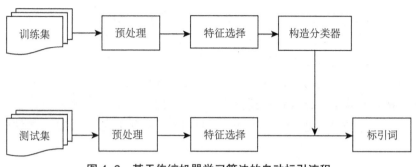

图 4-2　基于传统机器学习算法的自动标引流程

　　GenEx 算法是由 Peter 提出的，其将关键词抽取看作有监督的机器学习分类算法，利用词频和词性等文档特征以遗传算法构造分类器进行自动标引。GenEx 算法包括遗传算法和关键词提取器两个部分。遗传算法部分调节 12 个变量参数（主要包括词语的长度、首次出现位置、扩展词语的参数等），使得算法在已知文本训练集上能够达到最好的标引效果。关键词提取器的主要运行步骤包括：①针对输入文本中的所有词汇，去除少于 3 个字符的词、去除停用词、转化为小写并进行词根还原处理。②依据词语在文档中出现的次数及首次出现的位置信息对提取词干后的词打分。③选择出得分高的几个词。④获取提取词干后的短语，这里短语由 1 个、2 个或 3 个连续出现的词语组成，不包含停用词和标点符号。⑤利用短语在文档中出现的次数及首次出现的位置信息给提取的词干短语。⑥对第③步筛选出的得分靠前的单个词进行扩展，从第⑤步中找到包含该词的短语，选择得分最高的短语作为该词的扩展短语。⑦去除重复短语，因为不同的词进行扩展后可能会得到相同的短语，所以需要去除重复短语。⑧为词干表示的短语添加后缀。⑨添加大写。⑩最终关键词输出。

　　基于传统机器学习算法的自动抽取方法是 KEA 算法。KEA 算法使用朴素贝叶斯算法构造分类器，对已经给出标引词的训练集进行训练得出模型，然后利用创建好的分类模型进行自动标引。不管是训练还是抽取，都需要先进行候选词的选择及特征值计算。候选词的选择分为 3 步：对文档进行清洗，去除标点符号、特殊字符及其他无用信息；基于规则的方法确定候选词；对候选词进行大小写转化和词根还原处理。对每一个候选词计算两个特征值：TF-IDF 和首次出现位置，并对计算结果离散化处理形成特征变量。在训练阶段，对于每一个候选词，只要它存在于标引词列表中，就标识为标引词，否则就标识为非标引词，利用这一分类特征构造朴素贝叶斯（Naive Bayes）分类器。在标引词提取阶段，对于新输入的文档，选择候选词并计算其特征值，然后应用训练好的分类器计算每个候选词是标引词的概率并选择概率值高的作为标引词。KEA 算法在特征选择上只使用了词频和词位置信息，显然不够全面，且贝叶斯分类算法是假设独立的，如果特征间的相关性较复杂，分类效果也会受到影响。目前已有许多研究针对 KEA 算法进行改进。

4.2.5　深度学习方法

相比于传统的机器学习方法，深度学习往往可以更好地拟合特征，且无须人工设计特征，避免了人工设计特征的烦琐及主观因素，以达到更好的泛化效果，在很多自然语言处理任务上的表现都优于传统机器学习方法。类似于基于传统机器学习算法的自动标引，基于深度学习的自动标引也是将标引问题转化为二分类问题或序列标注问题，在经过文本预处理、候选标引词生成、候选标引词特征表示后借助相关深度学习算法进行自动标引。其中，文本预处理步骤的方法基本相同，此处不再赘述。以下介绍上述两种方法的关键环节。

4.2.5.1　基于二分类的自动标引方法

（1）候选标引词特征表示

自动标引算法中使用的词特征主要有显性特征和隐性特征两类，其中显性特征一般是对词自身特征的直接统计，经常使用的有统计特征、位置特征、语法特征、上下文信息等；隐性特征一般是通过机器学习或深度学习的方法学习的词的特征向量表示，主要用到的是词嵌入表示。显性特征在基于传统机器学习算法的自动标引中研究较多，上文也有相关介绍，此处下面主要介绍隐性特征，即词嵌入特征。

词嵌入是词向量化技术的一种，由于计算机不能直接处理文本数据，因此，需要将文本数据数学化，词向量是进行文本数学化的有效方式之一，是自然语言处理中进行语言建模和特征学习的一项关键技术。词向量化技术发展大致经历词的独热表示、词的分布式表示和词嵌入 3 个阶段。独热表示法（One-hot Representation）使用一个词表大小的向量表示一个词，词表中第 i 个词在第 i 个维度上被设置为 1，其他维均为 0。独热表示法的主要问题是不同词使用不同的向量表示，未考虑词间语义关系，且词向量构成的矩阵极度稀疏，当词库单词个数过多时会造成维度灾难。1975 年，John Rupert Firth 提出了分布式语义假设：词的含义可由其上下文的分布进行表示。基于该思想可以利用大规模的未标注文本数据根据每个词的上下文分布对词进行表示。具体到表示形式和上下文的选择及如何利用上下文的分布特征都是需要解决的问题，为此点互信息、奇异值分解等技术被应用来解决相应问题。虽然在基于传统机器学习的方法中词的分布式表示取得了不错的效果，但是仍存在奇异值分解过程慢且增加数据后需重新运行，只能用于表示比较短的单元而无法获得长单元的表示等问题。与词的分布式表示类似，词嵌入表示也使用一个连续、低维、稠密的向量来表示词，但向量的赋值方式与分布式表示不同。在词的分布式表示中，向量值是通过对语料库进行统计得到的，在经过点互信息、奇异值分解等变化后，一旦确定便无法修改。而词嵌入中的向量值可以随着目标任务的优化过程自动调整。通常利用自然语言文本中所蕴含的自监督学习信号（即词语上下文的共现信息），先来预训练词向量，往往会获得很好的效果。当前常用的词嵌入模型有 Word2vec、GloVe、FastText 等。

（2）分类器

常用于自动标引的神经网络一般有以下几种。

BP 神经网络（BackPropagation Neuron NetWok）：是一种经典的神经网络算法，在训练过程中使用反向误差传播和负梯度下降算法进行迭代求解权重和偏差值。训练时当所有节点的误差和达到指定误差值或者迭代次数达到用户指定次数时，说明分类器的性能达到预期效果，此时训练结束，权重及偏差值会被固定下来，得到的分类器性能如何还需要进一步测试。一般是使用测试集在该模型上进行预测，将得到的预测结果与真实结果进行比较，得到模型评估值。

循环神经网络（Recurrent Neural Network，RNN）：RNN 是多个神经单元的集合，每个单元都将接收当前时刻的输入和来自上一个单元的信息传递，通过这样的机制，信息得以在整个网络中得以流动，每个单词可以学习到来自上文的信息，使用双向循环神经网络就可以得到上下文信息。在文档自动标引模型训练过程中，循环神经网络的节点对当前输入词的赋权将参考上一个词的输入，这样就在词之间建立起上下文联系，这样的记忆功能还将随着循环迭代次数的增加，考虑更多词间关系甚至形成句间关联，在用于自动标

引时更能突出语义理解。该模型的特点是训练结果与序列输入顺序密切相关，序列不同，结果也将不同。RNN 在实际应用中有很多不同的变形，如双向 RNN、LSTM（Long Short-Term Memory）、GRU（Gated Recurrent Unit）等。

4.2.5.2 基于序列标注的自动标引方法

（1）序列标注

基于序列标注的提取算法无须提前构建词表，而是直接在文本序列中进行提取，算法的目标是预测与输入的文本序列 w={w1，w2，…，wi} 对应的标签序列 y={y1，y2，…，yi}，其中标签 yi 表示其对应的单词 wi 是否为标引词或标引词的一部分。序列的标签标注分为原始标注和联合标注两种，其中原始标注为每个词都分配独立的标签，联合标注则为短语中的全部单词共同分配一个标签。常见的标签标注方法是 BIO 和 BEIOS，即三标签法和五标签法。BIO 标注中将每个词标注为 "B-X"、"I-X" 或者 "O"，其中 B-X、I-X 表示属于 X 类型词组的第一个单词和其他单词，O 表示不属于任何类型。同理 BEIOS 标注中，除上述 3 个标签外，E-X 表示属于 X 类型词组的最后一个单词，S-X 表示仅包含一个单词的标签类型。

（2）分类器

这一类最经典的有监督方法是利用 BiLSTM+CRF 来进行标引词抽取，融合 BiLSTM 处理长序列问题及 CRF 处理序列标注问题的优势，改善自动标引效果。LSTM 网络与上文所述 RNN 网络具有相似的网络结构，网络中的每个单元都能接收当前时刻的输入和来自上一个单元的信息传递，通过这样的机制，信息得以在整个网络中流动，每个单元可以学习到来自上文的信息，使用 BiLSTM 就可以得到上下文信息。结合 CRF 处理序列标注问题的优势，引入标签之间的转移关系，构建转移矩阵，可以更有效实现关键词的自动抽取。将 BiLSTM 网络和 CRF 网络整合为 BiLSTM-CRF 模型，通过 BiLSTM 层高效地使用上下文的特征，通过 CRF 层有效利用过去和未来的文本标签信息，综合利用多种信息，从而使得标引词抽取更为有效。

4.3 多语言自动标引应用系统

自动标引技术通常是应对某一种单一语言数据，当处理他语数据时需要针对该种语言对算法进行个性化调整，通常差异在数据的预处理上。这里对多语言自动标引的应用系统进行介绍。

4.3.1　免费多语言自动标引 系统

表 4-1 列举了 7 个典型的免费多语言自动标引工具，从实现方法、编程语言和支持语种 3 个方面进行了对比。在实现方法上，大多数免费工具只实现了一种自动标引方法，PKE 工具包实现的方法最多，包括了 4 种无监督方法（TF-IDF、SingleRank、Topic CRank、KP-Miner）和 2 种有监督方法（KEA、WINGNUS）。在支持语种方面，RAKE 支持英语、法语和西班牙语，Topico CRank 支持英语和法语，KEA 和 Maui 支持英语、法语、德语和西班牙语，TextRank 还支持瑞典语、丹麦语、荷兰语、意大利语等语种。尽管 PKE 和 YAKE 默认只支持英语，但是通过相关语言参数也可支持其他语种文档的自动标引。

表 4-1　免费多语言自动标引系统

名称	实现方法	编程语言	支持语种
Maui	Medelyan et al	Java	英语、法语、德语和西班牙语
YAKE	Campos et al	Python	英语及其他语种
TopicCoRank	Bougouin et al	Python	英语、法语
RAKE	Rose et al	Python	英语、法语和西班牙语
KEA	Witten et al	Java python wrapper	英语、法语、德语和西班牙语
PKE	Boudin	Python	英语及其他语种
TextRank	Mihalcea R，Tarau	Python	英语、法语、德语、西班牙语、瑞典语、丹麦语、荷兰语、意大利语等

4.3.2　商用多语言自动标引系统

国外商用多语言自动标引工具比较多，包括微软的 Microsoft's Text Analytics APIs、IBM 的 IBM Watson® Natural Language Understanding API、Amazon 的 Comprehend API、Aylien Text Analysis API 等。其中，微软文本

分析 API 的广泛实体识别（Broad Entity Recognition）模块能够识别文档里的重要概念，包括关键词和命名实体（如人名、机构名和事件），支持中、英、法、德、日、韩、葡、俄等 33 个语种，采用的方法是无监督方法，依据频率和共现信息进行关键词抽取；IBM 的 IBM Watson® Natural Language Understanding API 的关键词抽取方法可设定最大返回关键词个数、同时可对抽取关键词进行情感分析和情绪分析，支持中、英、法、德、日、韩、俄等 23 个语种；Amazon 的 Comprehend API 的关键词抽取模块，支持中、英、法、德、日、韩等 12 个语种；Aylien Text Analysis API 提供一系列 NLP 工具，其中包括自动标引。

国内自然语言处理平台较多，提供自动标引功能的有百度智能云语言处理技术中的文章标签功能、腾讯云自然语言处理的关键词提取、阿里云自然语言处理中的中心词提取功能，但百度和腾讯的平台均只支持中文文档关键词抽取，阿里云的多语言中心词支持中文及英文两个语种，其基于海量数据，使用电商标题中心词及类目进行训练，通过给每个词计算一个相关性分数来衡量每个词与句子的相关性程度，进而识别并提取出句子的中心词。适用于提取电商搜索（query）、标题及其他类似短文本（一般小于 25 个词）的中心词。

4.4　基于混合策略的多语言科技文献自动标引方法

随着科学技术的发展，多语言科技文献的数量越来越大，如何对海量的科技文献进行标引、组织、检索和知识发现成为非常迫切的问题。科技文献多语言自动标引技术是科技文献组织、分类、检索和知识发现等应用的基础工作，但性能仍不尽如人意，亟待进一步提升标引的质量。

笔者团队提出一种基于混合策略的多语言科技文献自动标引方法，可以对多语言科技文献进行自动标引。该方法相较于其他方法的优势在于：①以多语言科技文献自动标引为研究对象，在科技文献标引词深入分析的基础上构建多策略标引词抽取方法。该方法基于大规模科技词典，融合多种经典关键词抽取算法的优势，集位置、长度、词性、规则和统计等信息于一体，能够快速、准确地从大规模科技文献集中抽取关键词。②综合利用词性标注等自然语言处理领域的研究成果和统计学信息，不依赖词汇在文档集中的分布规律，可以直接从单篇文档抽取标引词，在待标引文档篇幅受限的情况下具有良好的运行性能。

　　具体来说，笔者团队提出的方法由文档预处理、多策略关键词抽取和关键词融合 3 个模块组成，融合多种经典关键词抽取算法的优点，能够快速、准确地从大规模科技文献集中抽取关键词，方法架构如图 4-3 所示。其中，文档预处理部分主要进行字符串大小写转化、去停用词、去除标点符号、分词、词性标注等，这里的预处理策略适应不同的语种；多策略关键词抽取部分主要实现基于 TextRank 的关键词抽取算法、基于 Stanford Core NLP 自然语言处理工具包和规则匹配的关键词抽取算法及基于 jieba（结巴）自然语言处理工具包和规则匹配的关键词抽取算法；关键词融合部分将上述 3 个关键词抽取算法的结果进行融合，融合的规则包括：存在包含关系的关键词只保留长度最长关键词、标题中出现的关键词优先输出并按长度降序排列、其他关键词按 TF-IDF 值降序排列并取前 7 个关键词输出。

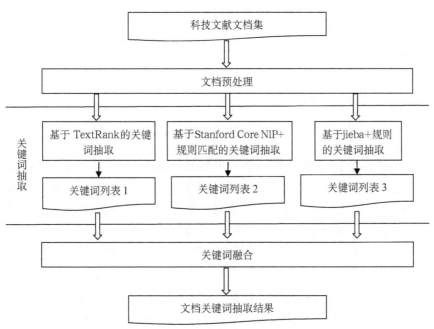

图 4-3　基于混合策略的关键词抽取方法架构

　　下面以中文为例，对多策略多语言自动标引部分模块中的 3 个算法和标引词融合策略进行详细介绍。

4.4.1 基于 TextRank 的关键词抽取算法

TextRank 算法利用定制化分词词典对文本进行分词，并依据词性信息对词进行过滤，再基于此算法进行自动标引。算法以结巴中文自然语言处理工具包为基础进行分词和词性标注。结巴分词结合了词典和统计学习方法，基于前缀词典实现高效的词图扫描，生成句子中汉字所有可能成词情况所构成的有向无环图（Directed Acyclic Graph，DAG），然后采用动态规划查找最大概率路径，找出基于词频的最大切分组合。对于未登录词，结巴分词采用基于汉字成词能力的隐马尔可夫模型（Hidden Markov model，HMM）识别。结巴分词支持自定义词典，以提高算法的未登录词识别准确率。为了更好适应科技文献标引的需求，笔者团队的算法利用科技领域术语词典来提高自动标引的准确率，词典规模达到 12 041 742 条。结巴词性标注通过查询字典的方式获取识别词的词性，通过 HMM 来获取未登录词的词性。

基于 TextRank 的自动标引算法将特定词性的词作为节点添加到图中。出现在一个窗口中的词语之间形成一条边，窗口大小可设置为 2 ~ 10，默认为 5，它表示一个窗口中有多少个词语。根据入度节点个数及入度节点权重对节点进行打分，入度节点越多，且入度节点权重大，则打分高。最后，根据打分进行降序排列，输出指定个数的关键词。

4.4.2 基于 Stanford Core NLP 和规则匹配的关键词抽取算法

Stanford NLP 包是斯坦福大学开发的自然语言处理工具包，支持多种语言的完整文本分析管道。包括分词、词性标注、词形归并和依存关系解析，可将文本字符串转换为句子和单词列表，生成单词的基本形式、词性和形态特征，并支持 70 余种语言的句法结构分析。鉴于 Stanford NLP 强大的多语种分析能力，笔者团队尝试利用其作为自动标引的分词和词性标注工具包。

在利用 Stanford NLP 包对文本进行分析和词性标注后，设计相应规则进行候选标引词的提取。具体来说，对于单词仅保留标注为名词的词语，对于词组依据连续出现的词的词性组合进行判断，具体规则如下。

二元组：NN_NN，JJ_NN，VB_NN；

三元组：NN_NN_NN，JJ_NN_NN，NN_JJ_NN，JJ_JJ_NN，NN_IN_NN。

若三元组匹配成功，考察三元组后的一个词，若其词性也为 NN，则识别为四元组短语。上述规则中，NN 为名词，JJ 为形容词或序数词，IN 为介词或从属连词，VB 为动词。

算法的具体实现流程是：

①对文本按照标点进行分句，对每个子句分别使用一个匹配窗口，考察连续 3 个或 4 个词。

②先匹配三元组的规则（若匹配，继续看第 4 个词的词性，若为 NN 则识别为四元组）。

③若匹配成功，则窗口对应移动 3 个或 4 个词，继续识别后续词语。

④否则，匹配窗口内的前 2 个词，若符合二元组的词性组合规则，则识别为二元组，窗口向后移动 1 个词。

⑤若均未匹配成功，窗口移动 1 个词，继续识别后续词语。

⑥分别保存每一篇文献中识别到的短语。

之后利用 TF-IDF 评分规则，对词和短语的质量进行评分，并根据评分分别对每篇文献的短语（或词）从大到小进行排序，靠前的短语（或词）识别质量更高。

4.4.3　基于 jieba 和规则匹配的关键词抽取算法

由于 Stanford NLP 包没有提供定制化分词词典的功能，为了更好地对科技术语进行识别，笔者团队的算法将上文所述的科技领域术语词典应用到分词过程，利用结巴分词工具进行分词和词性标注，之后借助上文定义规则进行候选标引词的识别和排序，获得文献的标引词。

4.4.4　混合策略融合方法

混合策略融合方法是将多策略关键词抽取模块的 3 个标引词抽取结果进行合并。首先，将 3 个标引词抽取结果取并集、去停用词；其次，判断标引词列表中词串之间的包含关系，对存在包含关系的标引词只保留长度最长的标引词；再次，判断标引词是否出现在标题中，若是则优先输出并按词串长度降序排列；最后，计算其他标引词的 TF-IDF 值并降序排列。关键词融合流程如图 4-4 所示。

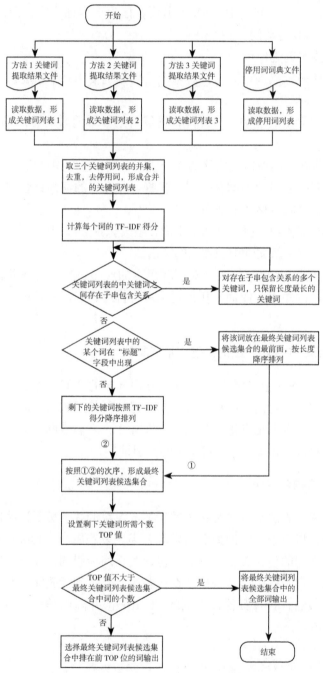

图 4-4 关键词融合流程

表 4-2 给出了利用该方法进行中文专利标引词抽取结果的样例。可以看出，该方法综合利用分词、词性标注等自然语言处理领域的研究成果和词频、文档频率等统计学信息，同时借助科技术语词典满足从科技文献中抽取重要术语的需求，具有良好的运行效果。

表 4-2　关键词抽取结果示例

标题	防静电卷膜中空玻璃
摘要	本实用新型涉及一种防静电卷膜中空玻璃，包括中空玻璃和卷膜，卷膜设于中空玻璃内，其特征在于，在中空玻璃的内层设有一层导电膜。本实用新型的优点是在薄膜收卷与展开时产生的静电，直接被导电层吸收，消除静电现象，卷膜不起皱，增强卷膜本身的抗老化性，延长使用年限
基于 TextRank 的关键词抽取算法	中空玻璃，导电层，静电，抗老化性，使用年限，防静电，薄膜收卷，导电膜，内层，静电现象，卷膜
基于 StanfordNLP 和规则匹配的关键词抽取算法	防静电卷膜中空玻璃
基于 jieba 和规则匹配的自动标引算法	防静电卷膜
最终标引词抽取结果	防静电卷膜中空玻璃，使用年限，内层，导电层，导电膜，抗老化性，薄膜收卷，静电现象

参考文献

[1] PAPAGIANNOPOULOU, EIRINI, TSOUMAKAS, et al. A review of keyphrase extraction[J]. Wiley interdisciplinary reviews:data mining and knowledge discovery，2020，10（2）：1-45.

[2] SALTON G，BUCKLEY C.Term-weighting approaches in automatic text retrieval[J].Information processing & management，1988，24（5）：513-523.

[3] MIHALCEA R，TARAU P. TextRank：bringing order into text[C]. Proceedings of the 2004 Conference on Empirical Methods in Natural Language

Processing.Barcelona, Spain, Association for Computational Linguistics, July 2004: 404–411.

[4] PAPADIMITRIOU C H, RAGHAVAN P, TAMAKI H, et al. Latent semantic indexing: a probabilistic analysis[J]. Journal of computer and system sciences, 2000, 61 (2): 217–235.

[5] Hofmann T. Probabilistic latent semantic indexing[C]. Proceedings of the 22nd annual international ACM SIGIR conference on Research and development in information retrieval. New York: ACM Press, 1999: 50–57.

[6] BLEI D M, N G A Y, JORDAN M I. Latent dirichlet allocation[J]. Journal of machine learning research, 2003 (3): 993–1022.

[7] PETER D T.Learning algorithms for keyphrase extraction[J].Information retrieval, 2002, 2 (4): 303–336.

[8] WITTEN I H, PAYNTER G W, FRANK E, et al. KEA: practical automatic keyphrase extraction[C]. Proceeding of the 4th ACM Conference on Digital Libraries. Berkeley, USA: ACM Press, 1999: 254–255.

[9] 成彬, 施水才, 都云程, 等. 基于融合词性的 BiLSTM–CRF 的期刊关键词抽取方法 [J]. 数据分析与知识发现, 2021, 5 (3): 101–108.

[10] 陈伟, 吴友政, 陈文亮, 等. 基于 BiLSTM–CRF 的关键词自动抽取 [J]. 计算机科学, 2018, 45 (Z1): 91–96.

[11] 结巴分词工具包 [EB/OL]. [2022–10–15]. https://github.com/fxsjy/jieba.

[12] 斯坦福自然语言处理工具包 [EB/OL]. [2022–10–15]. https://github.com/stanfordnlp.

[13] MEDELYAN O, FRANK E, WITTEN I H. Human–competitive tagging using automatic keyphrase extraction[C]. Proceedings of the 2009 conference on empirical methods in natural language processing, Singapore, August 6–7, 2009: 1318–1327.

[14] CAMPOS R, MANGARAVITE V, PASQUALI A, et al. Yake！collection–independent automatic keyword extractor[C]. Advances in information retrieval—40th European conference on ir research, ECIR 2018, Grenoble, France, March 26–29, 2018: 806–810.

[15] BOUGOUIN A, BOUDIN F, DAILLE B. Keyphrase annotation with

graph coranking. 26th International Conference on Computational Linguistics，Proceedings of the Conference：technical papers，December 11-16，2016，Osaka，Japan，2945-2955.

[16] ROSE S，ENGEL D，CRAMER N，et al. Automatic keyword extraction from individual documents[M]. Text mining：applications and theory. John Wiley and Sons，2010：1-20

[17] BOUDIN F. Pke：an open source python-based keyphrase extraction toolkit[C]. 26th international conference on computational linguistics，proceedings of the conference system demonstrations，Osaka，Japan，December 11-16，2016：69-73.

[18] WAN X，XIAO J. Single document keyphrase extraction using neighborhood knowledge[C]. Proceedings of the 23rd AAAI conference on artificial intelligence，AAAI 2008，Chicago，Illinois，USA，July 13-17，2008：855-860.

[19] BOUGOUIN A，BOUDIN F，DAILLE B.TopicRank：graph-based topic ranking for keyphrase extraction[C]. Proceedings of the 6th international joint conference on natural language processing，IJCNLP 2013，Nagoya，Japan，October 14-18，2013：543-551.

[20] SAMHAA R. EI-BELTAGY，AHMED R. KP-miner：a Keyphrase extraction system for english and arabic documents[J]. Information systems，2009，34（1）：132-144.

[21] THUY DUNG NGUYEN，MINH-THANG LUONG. WINGNUS：Keyphrase extraction utilizing document logical structure. Proceedings of the 5th international workshop on semantic evaluation，July 15-16，2010[C]. Uppsala，Sweden：Association for Computational Linguistics，2010.

[22] Microsoft's Text Analytics APIs [EB/OL]. [2022-11-11]. https://azure.microsoft.com/en-us/services/cognitive-services/text-analytics/#overview.

[23] IBM Watson® Natural Language Understanding API[EB/OL]. [2022-11-11]. https://www.ibm.com/cloud/watson-natural-language-understanding.

[24] AmazonComprehend API[EB/OL]. [2022-11-11]. https://aws.amazon.com/comprehend/.

[25]　Aylien Text Analysis API[EB/OL]. [2022−11−11]. https://docs.aylien.com/.

[26]　百度智能云语言处理技术 [EB/OL]. [2022−11−11]. https://cloud.baidu.com/doc/NLP/s/7k6z52ggx.

[27]　腾讯云自然语言处理 [EB/OL]. [2022−11−11]. https://cloud.tencent.com/document/product/271/35498.

[28]　阿里云自然语言处理 [EB/OL]. [2022−11−11]. https://ai.aliyun.com/nlp/ke？ spm=5176.11907134.J_6255260150.4.74eb62b65cE46b.

第 5 章 多语言科技术语识别

科技术语是科技信息处理中重要的研究对象。通过对科技术语的研究，可以形成领域概念体系，为掌握该领域的知识脉络、发展现状和研究前沿提供有效的工具和方法。在实际的科技信息分析中，科技术语抽取技术帮助信息分析专家对专业领域的技术发展脉络和前沿进展进行梳理和预见，进一步实现主题关联分析、技术热点关联分析和总体研究布局分析等有效战略研究。

术语识别通常就是科技术语抽取，前者是从文档集合中抽取并排序获取与领域相关度高的词或短语的过程，后者针对的是专业领域文本中指代技术概念的词串。本章介绍术语识别技术及相关研究方法，以此为研究基底展开对专利术语抽取的相应研究和对多语言术语抽取的思考和讨论。

5.1 术语识别

术语识别任务的输入为给定的 n 篇文档，先使用语言学或统计学工具生成术语候选词集合，然后利用组合特征或方法评估术语候选词的质量，将术语候选词映射到某个评分，最后根据术语候选词的评分对集合进行排序，最终输出按照候选词质量评分降序排列的术语列表。

术语识别和命名实体识别具有浓厚的技术关联，两者都属于术语，前者着重的是与技术概念对应的术语，后者则重在人名、地名和机构名等被命名的术语，二者的技术路线很多时候是重合的，很多算法同时适用于两者，区别只在于训练数据或者特征选择的不同。

术语识别可以看作分类问题或者序列标注问题。用分类问题来实施术语识别通常分为 3 个步骤。首先确定要抽取的文档集合。其次利用文档集合生成候选术语集合，这个过程中对文档集合进行预处理，包括分词、词干化、词性标注、文档切分，使用 n-gram 或者预定义的词类模式过滤得到多元词组，再过滤低频词、停用词及特殊符号等得到候选术语集合。最后对术语候选词排序和筛选，其中排序算法是关键，可以采用不同的机制，术语筛选则按照阈值设定或者数量要求得到最终术语列表。这里的排序为可选环节，可不排序直接产生最终术语集合，也可以设计额外的计算机制实施重排序。用序列标注来完成术语识别的流程通常分为 5 个阶段：文本数据获取阶段捕获更为准确有效的文本数据，要求对数据的前瞻性、领域性进行合理评估；数据预处理阶段需要更细粒度的过滤以获取技术术语更密集的高质量文本；人工标记训练数据阶段需要采用人工、半自动或者半监督迭代方式来标注数据得到验证集数据和测试集数据，帮助模型进行训练；特征提取环节是为了获取更多的类别特征；数据的特征向量表示可采用预训练模型 ELMO、BERT、RoBERTa、ALBERT、GPT 等，可采用词嵌入、字嵌入或混合的特征表示方法等不同粒度的特征向量表示。术语识别的传统评估指标为精确率（Accuracy）、精确度（Precision）和 F1 值。最终生成一个技术术语集合作为术语识别的结果。

5.2 研究进展

按照术语识别的算法机制，术语识别可以分为 5 类方法：规则方法、统计方法、机器学习方法、深度学习方法和混合方法。下面分以述之。

5.2.1 规则方法

此类方法通过设计各种规则来获取术语，规则涉及词法模式、词形特征、语义信息等。

早期的规则方法使用词性标注和分块技术来确定术语候选词，利用语言学专家手工构造的规则模板筛选领域术语。词性规则也被定制了优先级。由于人工规则昂贵，后续研究者也尝试自动学习领域语言规则。Bourigault 等使用有限状态机技术自动学习规则集合，Foo 等采用有监督的机器学习算法 Ripper 来学习语言学规则，分别使用基于语言学（词性标记、形态、语法、语法功能、语义信息等）和统计学（归一化词频等）2 类 10 种术语特征来获取完善的规则集合。Li 等来最终确定术语。

规则方法依赖于特定语言规则，可移植性较差，不能跨领域迁移使用，因此该方法目前较少单独使用，主要用来作为预处理步骤生成术语候选词集合。

5.2.2　统计方法

统计方法利用语料库中分布统计信息来抽取术语，不需要领域专家，比规则方法更简单高效。词频（Term Frequency，TF）是词或词组的分布频率，逆文档频率（Inverse Document Frequency，IDF）是候选术语 t 所出现的文档数量占整个语料库文档数量的逆比重词频，TF-IDF 是词频和逆文档频率的结合。统计方法用这些统计信息来过滤术语候选词，按照阈值或者数量要求筛选术语。对术语进行的考量采用了单元性度量和领域性度量。单元性度量（Unithood）衡量术语候选词内部的搭配强度和黏合程度，在 TF 的基础上通过 Z 检验、t 检验、χ^2 检验、对数似然比和点互信息计算等来确定词汇是否为固定搭配。领域性度量（Termhood）衡量术语候选词与特定领域的相关程度，TF、TF-IDF 及归一化词频（Average Term Frequency，NTF）、平均词频（Average Term Frequency，ATF）和领域共识（Domain Consensus，DC）等用来计算术语与领域的关联程度。Zhou 等提出一种 TF-IDF 和词频方差相结合的领域相关性计算方法。Yan 等则在 Web 资源领域中引入新词发现算法及 TF-IDF 筛选进行术语抽取。Lossio-Ventura 等将 TF-IDF 与 C-value 方法相结合提出了 F-TFIDF-C 方法应用在生物医学领域进行特定术语抽取。残差 IDF（Residual-IDF，RIDF）用来度量候选术语 t 的实际 IDF 得分与 t 在泊松分布上的预测 IDF 得分之间的偏差。

图情档领域制定规则从论文和专利的著录信息中筛选出关键词进而通过主题聚类归纳出技术主题，再利用组合指标计算、属性分类、突变共词分析、专利社会网络分析等方法识别出共性技术、关键技术、新兴技术、颠覆技术等不同活跃度的技术术语。也有研究使用词典进行同义词聚类，增加词语的位置、长度、密度、信息熵等辅助信息，利用句法结构引入 SPO（主语—谓语—宾语）、SAO（主体—行为—客体）的语法分析来增强语义信息的利用。

参考语料库、维基百科等外部资源也被用于术语识别，基本思想是对比目标语料库和外部资源的词频差异来考量术语。参考语料库为通用领域或其他领域的语料库。Weirdness 方法将特定领域语料库中术语候选词 t 的归一化频率与 t 在参考语料库的归一化频率进行比较，证明在目标语料库中频繁出现的候选术语具有更高的"领域特异性"，更有可能是真正的术语，该方法在识别低频术语方面效果很好。后续有多种对 Weirdness 的改进方法，Relevance 方法增加候选术语 t 出现的文件数量，GlossEx 系统评估候选术语

"领域特异性（Domain Specificity）"程度并度量候选术语内部的凝聚程度。TF–DCF（Term Frequency–Disjoint Corpora Frequency）方法提出候选术语评分应与其在多个参考语料库的出现频率成反比。Mykowiecka 等对比多个参考语料库并通过术语上下文过滤不相关短语的方法。维基百科具备多语言、多领域、知识内容可持续更新扩充的特点，可以用来帮助提供特定领域的信息。此类方法中，Vivaldi 等较早使用维基百科作为语义知识资源来抽取特定领域中的术语。LinkProbability 方法将候选词的概率标准化为候选术语 t 在维基百科中以超链接标题出现频率与其在维基百科中出现总频率的比率。Haque 等提出融合外部知识库的双语术语抽取模型。

统计方法简单通用，但是严重依赖目标语料库的规模和质量，对术语的语义信息利用不足。

5.2.3 机器学习方法

机器学习方法利用多种混合特征及分类器来抽取术语。机器学习方法可分为 4 类：有监督方法、半监督方法、远程监督方法和无监督方法。

有监督方法将术语识别看作二分类问题或者序列标注问题，设计丰富的特征，在已标注好术语的训练集上利用隐马尔可夫模型（Hidden Markov Models，HMM）、支持向量机（Support Vector Machine，SVM）和条件随机场（Conditional Random Fields，CRF）等统计机器学习技术上训练术语识别模型进行术语识别。HMM 属于生成式模型，可看作一个有限状态自动机，计算输入和输出同时发生的概率。岑咏华等设计双层 HMM 模型识别不同领域中文学术论文中的技术术语。HMM 模型利用了先验知识，但是其独立性假设不合理，只考虑了当前观察的特征，没有考虑上下文。SVM 模型为判别模型，考虑了分类界限附近的样本点，同时克服了维数灾难。Doan 等尝试使用 SVM 模型识别药物等实体。SVM 适用于少量样本的机器学习，但面对大规模样本或多分类问题时分类效果不理想。Liu 等提出了一种基于术语长度和语法特征的方法，利用支持向量机（SVM）结合约束规则抽取出术语候选词集合，然后使用词长比、领域相关性、领域共识这 3 种特征加权计算出候选词评分，过滤出真正的术语。Liu 等提出 SegPhrase 方法，首次将短语分割的思想与基于机器学习的术语抽取方法相结合，从 4 个维度给出术语的度量方法，要求术语具备：①普遍性；②一致性；③信息性；④完整性。CRF 也是判别模型，可以任意定义特征函数，是术语识别中应用最广泛的机器学习方法。

模型采用多种组合特征，有 POS 标签、语义信息、左信息熵、右信息熵、互信息和 TF-IDF、句法信息、术语度等。Loukachevitch 使用特定领域、搜索引擎及同义词库 3 类特征。Conrado 等从目标语料库中获取语言学、统计学及混合知识的特征并获取目标语料库与通用语料库之间的对比特征。Yuan 等针对跨领域、跨语言的术语抽取问题提出使用 10 种统计学方法作为特征的机器学习方法。McDonald 等使用 CRF 识别生物医药文本中的基因和蛋白质实体，黄菡等结合 CRF 和主动学习算法构造 AL-CRF 模型识别法律术语。CRF 模型复杂度高、训练代价大，一般与深度学习算法相结合作为类别标签解码器，目前已经较少独立地使用。有监督方法准确率较高，但依赖于人工标注得到训练集，可扩展性低，领域泛化能力较差。

　　半监督方法在少量的标注数据上训练模型，使用该模型在未标注数据上识别术语，人工或自动地对结果进行修正后补充到训练集中进一步迭代优化模型。Yang 等提出容错学习和联合训练的方法，从噪声数据中迭代地构建种子训练集。种子算法采用 TF-IDF 和基于分割符的算法，分类器采用支持向量机（SVM）算法，5 个术语特征分别为候选词词频（TF）、POS 标签、词分隔符、候选词中第一个词和最后一个词特征。Astrakhantsev 等使用的种子方法为 ComboBasic，构建了基于 PU（Positive-Unlabeled）学习算法的分类器模型，选择 C-value、DomainCoherence、Relevance 作为术语特征。Maldonado 等提出在线增量语料库的再训练方法，将领域专家的验证纳入弱监督学习循环。Aker 等将半监督方法应用于双语术语抽取任务，使用平行语料库将已从源语言资源提取的术语投影到不同的目标语言，训练目标端的术语抽取模型。Judea 等采用启发式算法生成专利技术领域的正负样例集，采用 74 个特征来训练有监督分类器（逻辑回归和条件随机场），使用了包括 POS 标签、上下文特征、候选词出现次数及基于字符串度量的特征等。Wang 等分析钢铁冶金领域中文术语的基本特征，提出了基于字角色标注的机器学习术语识别模型。半监督方法只需少量的标注数据便可得到增量扩展的训练集，但是不断优化训练模型仍需人力成本。

　　远程监督方法不需要人工标注的训练数据，设计远程对齐外部知识库（如维基百科、WordNet 等）算法来对术语候选词进行自动标注，得到大量的正负样例，形成训练集。AutoPhrase 方法使用维基百科、Freebase 等通用知识库来标记候选词集合中的正样例池，剩下的候选词自动构成带噪声的负样例池，通过分类器集合来降低噪声数据的影响。远程监督方法极大地节约了

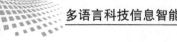

多语言科技信息智能处理与服务

人力成本，增强了领域通用性，但是错误标签的误差会逐层传播。

无监督方法不需要标注数据，主要涉及图模型和主题模型。图模型 TextRank 方法源于 PageRank 中网页重要度的排序方法，将所有文档表示为一个文本语义图，顶点表示单词或短语，边表示单词或短语的共现关系或者语义相似关系，使用不同的排序方法对图中的顶点进行评分。每个单词的重要性分数在词频的基础上通过相连单词的数量与其重要性来评估，按照重要程度排序后选取 TOpN 为关键术语。该方法为无向加权图，忽略了词间的语义相关性，也未考虑上下文信息和其他辅助信息。Term Ranker 方法采用术语嵌入来学习候选术语的语义表示捕获术语之间的相似性及关系强度，在顶点之间添加边的关系和权重，还融合了同义词术语表将同义术语的顶点合并。Pan 等采用相似的思路来解决 MOOC 领域低频术语引发的问题。Zhang 等提出一种通用的 SemRe-Rank 方法在已有的术语识别方法之上执行 PageRank 排序提高抽取术语的准确率。图方法通过计算术语之间的共现关系来捕获语义关联，不需要人力标注数据，效果由于只使用词频信息的统计学方法，但是该方法对图规模及边的疏密较为敏感。

主题模型是对文本集合的隐含语义进行聚类的概率模型，根据主题描述文本，确定每个文本与哪些主题相关及每个主题由哪些单词（或短语）构成。该方法认为大多数术语可以表示成与特定领域子主题相关的概念，使用聚类和 LDA 等主题建模技术将目标语料库映射到由多个主题组成的语义空间，然后使用词的主题概率分布来对术语候选词进行评分。Bolshakova 等使用基于主题的概率分布特征对候选词进行排序，只针对单字术语设计基于主题的术语抽取特征，将词频替换为候选词所属主题下的概率总和，将文档频率替换为包含候选词出现的总主题数量。Li 等引入领域背景、领域主题、领域特定单词这 3 个维度的语义信息到术语抽取方法中。El-Kishky 等提出了一种基于短语词袋的短语挖掘架构 ToPMine 来抽取高质量的术语，并定义了高质量术语的 3 个要求：频繁性、搭配性和完整性。Sun 等提出结合主题信息的无监督双语术语自动抽取方法，在使用短语对齐技术和 CRF 组块分析技术获取双语术语后，引入领域主题信息来计算候选词的术语性并排序。Li 等增加了"子域"的概念，通过使用持续迭代的聚类方法聚类具有相似主题分布的文档构成子域，在子域中抽取出高质量的术语。Arora 等利用候选术语之间句法和语义的相似性计算出术语相似性矩阵，再对候选术语进行聚类。主题模型使用词的主题概率分布来识别术语，兼顾了术语的语义信息，但依赖于主题划分

104

的准确性，在术语抽取领域的应用还不太成熟。

综上，机器学习方法中特征选取对于算法的准确率影响很大，后续深度学习方法省略了人工选取特征的环节，可自动发现文本隐藏的特征，因此，在术语识别中得到了更为广泛的应用。

5.2.4　深度学习方法

深度学习方法采用神经网络技术来实施术语识别，可解决人工挑选最佳特征的问题。常用的深度学习算法有反向传播（Back Propagation）、前馈神经网络（Feedforward Neural Network，FNN）、循环神经网络（Recurrent Neural Network，RNN）、卷积神经网络（Convolutional Neural Network，CNN）、递归神经网络（Recursive Neural Network）、自编码器（Autoencoder）、生成对抗网络（Generative Adversarial Networks，GAN）、Transformers、图神经网络（Graph Neural Network，GNN）。其中，用于进行术语识别的主要有 CNN、RNN 及 LSTM 等。CNN 通过卷积可以自动提取特征，如字符级语义特征的捕获，得到的特征可以用于下游任务，但是卷积后只能得到少部分的信息，无法解决长距离依赖问题，忽略了局部和整体的关系。RNN 适合对文本序列进行编码，能够捕获长距离依赖，但是容易产生梯度消失和梯度爆炸。其中，长短期记忆网络（Long Short-Term Memory，LSTM）使用 3 种门限机制控制记忆和遗忘，解决了梯度消失和梯度爆炸问题，实现对长距离信息的更新和长时积累。双向 LSTM（Bidirectional Long Short-Term Memory，BiLSTM）通过补充下文信息，相比单向 LSTM 能解决更长的序列，既考虑了历史信息又兼顾了未来信息。最早将深度学习引入自动术语抽取领域的研究者，将术语抽取看作二分类问题，使用 LSTM 和 CNN 作为分类器，分别学习候选术语的不同表示，实施弱监督的联合训练。Khosla 等在输入层新添加了字符级的 n-gram 嵌入，使用 CNN 和全连通网络作为分类器。Gao 等提出了端到端模型来学习候选术语的向量表示，融合了包括术语拼接表示信息、重要词表示信息、术语头部尾部信息、句子表示信息等多种类型的信息，然后将候选术语向量表示送入分类器，得到每个候选术语的评估分数，将其分为术语或非术语。深度学习方法也将术语识别转化为序列标注问题，将字符向量表示和词嵌入向量表示拼接之后送入 LSTM、GRU 等深度学习模型。再经过 CRF 层的处理得到每个单词对应的标签。同年，Kucza 等通过在字序列上使用 BILOU 标签方案执行序列标记来识别术语，同时使用了不同类型的递归神经网络和字嵌入方

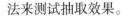

法来测试抽取效果。

深度学习方法主要利用神经网络抽取术语，无须人工筛选术语特征，候选词的向量表示融合更多类型的特征，从而达到较好的术语抽取效果。但是此类方法依赖于复杂的深度学习模型和标注数据，领域泛化能力较弱。

5.2.5 混合方法

混合方法结合上述几种方法进行术语识别。

早期混合方法是规则方法和统计方法进行结合，目的是结合多种方法取其优点。其中著名的是 C-value 方法和 NC-value 方法。C-value 方法根据嵌套候选术语 t 的较长候选术语的词频进行调整，如果候选术语 t 经常嵌套在较长词串中，其重要性会被降低。NC-value 方法通过引入"术语上下文"的概念来扩展 C-value 方法，计算术语候选词的 C-value 评分并排序后对每个候选术语生成"语境词列表"，每个语境词都有权重，根据 C-value 评分和"语境词列表"计算 NC-value 值。C-value 方法在抽取长术语方面效果较好，NC-value 方法在抽取高频术语方面表现更好。You 等使用词规则模板获取术语候选词集合后利用 C-value、TF-IDF、TermExtractor 这 3 种方法的结果进行加权投票并排序候选术语。He 提出结合候选术语分布度、活跃度及主题度的多策略术语抽取方法。Lossio-Ventura 等提出使用语言规则及 IDF、C-value 混合的 LIDF-value 方法，克服了候选术语频率信息不足的缺点。Li 等结合信息熵和词频分布变化的术语抽取方法应用在汽车领域。Stankovi 等在混合方法的基础上借助外部电子词典和常见句法结构来提高术语抽取准确率。Dong 等将基于文本的特征和复合统计量（TF-IDF 和信息熵）相结合。Li 等将提出解决嵌套术语不合理分割和消除术语次序敏感的策略，确保所抽取短语的恰当性及完整性。上述混合方法主要利用语言学规则、统计学、主题信息等方法的不同特征组合抽取术语，使用投票算法或启发式算法线性组合各类术语特征，没有考虑特征间的非线性关系，缺乏特征组合深度，使得抽取效果不如机器学习方法。

后续的混合方法最常见的是采用机器学习方法（特别是 CRF）和深度学习方法相结合。常见的结合方式有 CNN-CRF、LSTM-CRF、BiLSTM-CRF、BiLSTM-CNNs-CRF、BiLSTM-IDCNN-CRF 和 Att-BiLSTM-CRF。曹依依利用 CNN-CRF 从中文电子病历中提取出身体部位、疾病、症状、检查和治疗方法 5 类实体。李明浩等使用 LSTM-CRF 模型识别中医临床症状术语。

BiLSTM-CRF 在术语识别中应用最为广泛。Zhao 等将术语抽取看作序列标注问题，提出了 BiLSTM-CRF 深度学习模型，抽取中文文档中每个字的词向量特征、词性特征和实体特征作为输入数据，经过双向多层隐藏层处理后，使用 CRF 方法将字映射为 {B, I, O, E, S} 标签之一，并使用增量自训练算法 Viterbi 来降低人工标注代价。袁慧从生态治理技术相关文献中识别生态治理的技术实体，王昊等从文献的标题和关键词中识别出情报学的技术、理论、方法等专业术语，王学锋等增加了字向量表示到 BiLSTM-CRF 输入层来识别军事领域的 8 类技术术语，冯鸢鸢等将字符向量表示与词向量、句法等语言特征向量结合识别自定义的基础技术、综合技术、武器等军事技术术语，刘宇飞等从专利中识别数控系统领域的技术术语。BiLSTM-CRF 模型在学习长句子时会丢弃一些重要信息，因此研究者进行了多种改进。在 BiLSTM-CRF 中 BiLSTM-CNNs-CRF 模型增加了 CNN 层帮助提取词的局部特征，BiLSTM-IDCNN-CRF 利用 IDCNN（Iterated Dilated Convolutional Neural Network）来提高训练速度识别生态治理领域的技术术语，Att-BiLSTM-CRF 模型引入了注意力机制分别识别商用飞机行业的"技术"和"机型"术语，以及农业领域的农作物、虫害和农药等术语。

机器学习方法和深度学习方法互为结合、互为补充，是当前术语识别的主流方法。

5.3　专利术语提取

专利是一种重要的科技信息资源。专利文本中通常包含产品、技术和方法等分析对象，此类有分析价值的词或短语即为科技术语，反映了某一领域的专业内容，将其从专利中抽取出来能够为专利文本分析提供最基础的数据支持。专利作为新发明创造会使用一些生僻词代替人们所熟知的术语，从专利中发现这些生僻术语是专利文本挖掘的一大挑战。

本部分给出术语识别算法在专利任务上的一个实战应用。

5.3.1　术语定义

本部分根据已有的研究结论和信息，分析专家的需求对术语做操作性的定义。归纳起来候选术语应具有 3 个特征：

①候选术语应是名词短语。

②候选术语中不能有停用词。

③候选术语的词长为 2 ～ 3 词。根据信息分析专家对不同词长的候选术语评估的结果，理想术语的长度为 2 ～ 3 词，过长则有较大噪声。

5.3.2　假设

本部分的研究任务是从专利文本中抽取术语，因此，需要对与术语有关的字段进行讨论。一般来说，在专利文本中与术语有关的字段有 3 个：题名、摘要和权利要求。

题名字段由一个短语构成。通常，题名非常精要地阐述了该专利所属的范畴和创造性的特征。但是，题名中的字段不具体，相对而言，其重要性在 3 个字段中最弱。在本部分，不对题名字段进行研究。这与一般的科技论文或者网络新闻的文本挖掘研究不同。

摘要字段是一个文本段落。与其他 2 个字段相比，它较为详尽地描述了该发明创造。因此，摘要字段中含有具有挖掘价值的术语，适合用于术语挖掘的研究。

权利要求字段由一个长句子构成。这是专利特有的字段，即论文、学位论文或者其他的科技文献都不具有这一字段。权利要求字段清楚地标明了专利申请者对所应享有的专利权利的声明，具有法律效力。尽管它只由一个句子构成，但是该句子较长，并且富含术语。在上述 3 个字段中，从权利要求字段中提取的候选术语的重要性最高。

基于上述讨论，提出本部分的第 1 个假设：

假设 1，从权利要求字段抽取的候选术语的重要性高于从摘要字段抽取的候选术语。

经过预处理和上述定义抽取的候选术语可能是本研究需要的结果，也可能是因为预处理产生的错误结果。在文本挖掘过程中，难免产生错误的抽取结果。因此，需要评估候选术语的正确性和重要性。为解决这一问题，研究团队注意到摘要字段和权利要求字段的两个特征。

①摘要字段和权利要求字段的表达方式相对不同。这意味着如果一个候选词串同时出现在这两个字段中，很大的可能是该候选词串是一个术语，并且不含句子的功能成分。通常，在术语抽取的研究中，形如"一个正确的术语＋句子的功能成分"的错误是一大类错误。这一性质可以用来部分消除这种错误。

②专利的申请人在申请书中指称同一指称物时，在摘要字段和权利要求字段中所使用的术语必须相同。

根据上述两个特征，提出本部分的第 2 个假设。

假设 2，如果一个候选术语同时出现在同一条目的摘要字段和权利要求字段中，则该术语是一个合格的候选术语。

根据上述两个假设，本研究可以总结出一条抽取候选术语的规则：如果一个权利要求字段中的候选术语同时也是摘要字段中的候选术语，则该术语是一个合格的候选术语。

根据这一规则，在分别从摘要字段和权利要求字段抽取候选术语后，比较从两个字段抽取的候选术语构成的集合，如果一个术语同时在两个字段中出现，则保留；否则将其从候选术语集合中剔除。

5.3.3　排序

本部分采用 TF-IDF 和互信息两种排序方法。

TF-IDF 是一种典型的加权方法。其中，词频（TF）是与文档中给定术语的频率有关的因子；逆文档频率（IDF）是在集合中使一篇文档与其他文档有效地区分开的有关因子。在本部分使用 TF-IDF 作为从单文档和整个集合角度对术语的重要性进行度量的加权指标。

互信息是一种典型的来源于信息论的特征选择依据，亦可作为对术语重要性进行加权的指标，在自动分类和聚类中广泛使用。本部分使用互信息作为从类的角度度量一个术语重要性的指标。使用该指标的原因在于在中信所使用的专利集合中具有与类相关的信息，因此可以计算互信息，从类的角度度量一个术语的重要性。在本研究中亦使用了其他与类相关的指标，如卡方。研究发现，这些指标的差异较小，因此，本部分只报告使用互信息计算的结果。

5.3.4　总处理过程

本部分描述整个术语抽取的过程。由于一个原始的英文专利文本集合中含有很多字段，首先从原始数据中提取出题名、摘要和权利要求字段。其中，题名字段是一条专利的唯一表示。摘要和权利要求字段此前已经介绍，它们是术语的来源。

提取出上述 3 个字段后，第 1 步，对整个集合做词性标注，为每一个单词/字符串标注词性。词性主要用于在后续步骤中识别名词短语（NP）。

第2步，移除数字、标点和停用词。一个停用词（或者数字串、标点）移除后，会在原始位置留下空白。在抽取过程中，将保留这些空白，为此后识别候选术语的边界提供便利。

第3步，根据5.3.1节中的定义，构建候选术语。在此过程中，若能够识别一个3词短语，如"negative electrode plate"，则剔除此前识别的2词短语"negative electrode"。其原因是，3词短语较2词短语更为专指。

第4步，根据此前的词性标注，移除候选术语中的非名词短语。

第5步，根据5.3.2节的规则选取合格的候选术语。

上述5步主要使用语言特征，以及5.3.2节提到的专利术语的性质。从语言学的角度考查这些候选术语，它们基本上符合对术语的要求。

第6步，也是最后一步，使用统计指标对候选术语进行排序，此步骤用于计算候选术语的重要性。在5.3.3节中已经介绍了本部分所使用的指标。该算法的伪代码如图5-1所示。

```
Algorithm: Patent term extraction using abstract and claim
Input: item set Coll, each item of the set consists of <ID, abstract, claim> fields;
      threshold t.
Output: term set Result
for each item in Coll:
    POS tagging;
for each item in Coll after POS tagging:
    remove numbers, punctuation marks and stop words and get continuous word series separated
by blanks;
for each continuous word series s in Coll:
    build candidate phrase cp from s;
    if cp is in abstract:
        insert cp into AbsCand;
    if cp is in claim:
        insert cp into ClaimCand;
for each item cp in AbsCand:
    if cp is not a NP:
        remove cp;
```

```
for each item cp in ClaimCand:
    if cp is not a NP:
        remove cp;
for each item cp in ClaimCand:
    if cp is in AbsCand:
        insert cp into Result;
for each item term in Result:
    rank term;
    if rank（term）< t:
        remove term from Result;
return Result;
```

图 5-1　使用摘要字段和权利要求字段抽取专利术语的算法

5.3.5　实验

5.3.5.1　数据

为进行本部分的实验，笔者团队使用信息分析专家提供的专利文本。这些文本从 Innography 数据库下载，其主题是"电动汽车"，共 6695 条。信息分析专家将这些专利归纳为 5 类，包括电池、电池管理、引擎、引擎控制和整车控制（VCU）。本部分将在计算与类相关的权重，即计算互信息时使用这些类目。

需要说明的是，在上述类目之中，电池与电池的材料、电极和其他内容相关，而电池管理与控制电路等相关，因此，是两个不同的类目。同样，引擎与引擎控制也是两个不同的类目。

5.3.5.2　抽取结果

表 5-1 是使用规则前后抽取结果的对比，使用 TF-IDF 排序。总体而言，未通过本部分所提规则的数量很大。尽管研究团队不能给出与准确率有关的精确统计数字，但是可以从表 5-1 中初步归纳出未通过过滤规则的词串的特点。

①专指性较低的词串，如"water liquid mixture""hall element""switching arrangement"等。

②非英语词串，如"sous forme"和"stuttgart anspr"等。

③有部分词串在其中一篇专利中通过了过滤规则，而在其他专利中未

通过过滤规则，如表 5-1 中"adipic acid"一词即属于这种类型。在专利
ep1114839 中通过过滤规则，成为一个候选术语，而在专利 us6500911 中则未
通过过滤规则。

表 5-1　使用规则过滤前后抽取结果的对比（TF-IDF 排序结果）

Patent ID	候选词串	通过过滤规则的术语
us5984981	water liquid mixture	
us2006099942	multimedia message	multimedia message
us2008024021	resolver stator	resolver stator
us5721479	ac traction motor	
wo9931848	circuit switch channel	circuit switch channel
us2007269714	heat dissipate member function	
us2005127874	solid state relay	solid state relay
us6154011	resistance free maximum pulsed voltage	resistance free maximum pulsed voltage
us7585594	naphthalimide dye	
us2006003326	multiple sclerosis	
ep0463848	hepatitis virus	hepatitis virus
wo9749044	location address	
wo2010031857	zumind eine	
us2007086990	table olive	
ep0111104	sous forme	
us2008212262	piezoelectric element	
us2007049605	inhibit osteoporosis	
us2008020281	intermediate layer	intermediate layer
us20100200795	lithium sulfide	lithium sulfide
ep1114839	adipic acid	adipic acid
ep0483081	regulator circuit	regulator circuit
us6665169	redox reaction	

续表

Patent ID	候选词串	通过过滤规则的术语
us6500911	adipic acid	
us2007247102	hall element	
us2006024583	porous monolithic carbonaceous substrate	
us6891353	absorbing material	
wo2004113286	pharmaceutically acceptable salt	
wo2006020167	porous monolithic carbonaceous substrate	
wo2007045673	stuttgart anspr	
us6888328	switching arrangement	
wo2008138110	lithium bioxalato borate salt	lithium bioxalato borate salt

　　因仅显示了高 TF-IDF 区域的情况，表 5-1 无法囊括未通过本部分所提规则的全部情形。但是，从表 5-1 中可以发现，高专指性的词串大部分通过了过滤规则并被选为术语。

　　使用互信息排序的结果与 TF-IDF 略有不同。表 5-2 是使用互信息进行排序时未通过过滤规则的高位结果。根据表 5-2，第一个未通过过滤规则的词串为"battery post travel"，而它在互信息排序结果的第 92 位。但是，在 TF-IDF 排序的结果中，拥有最高 TF-IDF 值的词串未通过过滤规则。这说明互信息排序的鲁棒性要好于 TF-IDF。低专指性的词串，如"voltage sense mean""referenced module""control circuit"等仍在未通过过滤规则词串中占据较大比例。

表 5-2　未通过过滤规则的词串示例（互信息排序结果）

battery post travel
energy storage source
computation circuitry
battery voltage signal

voltage sense mean
varying electrical response
referenced module
numerically combine value
measure circuitry
endothelin antagonist
electrical circuit representation
current control mean
control circuitry
computation mean
complex admittance
aldosterone antagonist

5.3.5.3 本部分所提规则的统计

笔者团队的主要贡献是本部分所使用方法中的过滤规则。本部分主要对这一规则所起作用的程度进行研究。一般来说,未通过该规则的候选词串的数量既不能太多,亦不能太少。若未通过的候选词串的数量太大,则潜在的术语有被剔除的风险;若未通过的候选词串的数量太小,则错误的词串可能混入结果之中。

由于并无一个精确的数据说明"剔除多少能够达到最优状态",本研究在后面的表格中仅给出与之相关的统计数据。首先,对命中候选术语的专利进行统计。结果在全部 6695 条专利文本中,共有 5855 条命中了候选术语,占比为 84.75%(表 5-3)。

通过过滤规则的候选术语不仅出现在这些术语命中的专利权利要求内,还出现在部分没有命中的专利权利要求中。本部分将命中候选术语的专利记为集合 1,将包含候选术语的专利记为集合 2。显然,集合 1 是集合 2 的子集。在集合 2 与集合 1 的差集中专利,其权利要求中含有命中的术语,但是摘要中不含有命中的术语。

本部分要研究的第二个问题是集合 2 中包含多少专利，其结果为在全部 6695 条专利文本中，6481 条含有命中的术语，百分比为 96.80%（表 5-3）。这是一个非常理想的结果，因为这说明本研究提出的方法在实验中可以覆盖几乎全部的权利要求。

表 5-3 命中术语和含有术语的专利权利要求的数量与占比

	全部权利要求	命中候选术语的权利要求（集合 1）	含有候选术语的权利要求（集合 2）
数量 / 条	6695	5855	6481
占比		84.75%	96.80%

本研究进一步从术语的角度检验本部分所提规则的有效程度。此处有两组数据。第一组数据描述过滤规则剔除的候选词串的数量。结果为在全部 28 044 个候选词串中，过滤规则剔除了 17 178 个词串，占比为 61.25%（表 5-4）。

结合表 5-3 和表 5-4 的结果，可知本部分所提规则剔除了近 2/3 的候选词串，但同时选出的候选术语覆盖了 96% 的专利权利要求，即 96% 的权利要求项拥有至少一个术语，从专利文本的角度考查，本方法具有良好的覆盖度。

表 5-4 不在与在集合 1 中的术语

	使用过滤规则前候选词串	不在集合 1 中的候选词串	集合 1 中的候选词串
数量 / 个	28 044	17 178	10 866
占比		61.25%	38.75%

第二组数据进一步在表 5-5 中检验本研究的结论。表 5-5 显示在集合 2 中与在集合 2 的补集中候选词串的数量。首先，38.75% 的候选术语代表了 88.92% 的候选词串，说明从效用的角度考查，本部分剔除的方法具有较好的覆盖度。集合 1 与集合 2 的差集中含有近 50% 的候选词串，说明本方法具有很好的剔除效果。

表 5-5　不在与在集合 2 中的术语

	使用过滤规则前候选词串	不在集合 2 中的候选词串	集合 2 中的候选词串
数量	28 044	3183	24 938
占比		11.35%	88.92%

5.3.5.4　讨论

根据信息分析专家的建议，在专利中权利要求项的重要性大于摘要。笔者团队在前期的研究中假定权利要求中术语比摘要中术语的重要性要高。从这点出发，比较了这两个字段中术语的差别。结果发现这两个字段拥有几乎相同的术语。此后，开始考虑在进一步的研究中使用自然语言处理的方法。首先研究的是权利要求字段，因为这一字段仅由一个句子构成，并且具有相对独特的句子结构。此时，考虑了两个因素：其一，在此前研究中笔者团队发现这两个字段拥有共同的术语，这也成为本节中的假设 2；其二，权利要求字段的句式具有相对独特的结构，因此与摘要中句子的结构相区别。如果一个错误抽取由正确的术语伴随一个句子的功能部分构成，则这样的错误很难同时在摘要和权利要求中出现。这一现象便成为本节的假设 1。

5.4　多语言术语抽取

以下从适应性及对专利机器翻译支持两个方面介绍 5.3 小节所述方法在多语言术语抽取中的泛化。

5.4.1　适应性

此处的适应性是指 5.3 节所提方法及相关的程序代码可以在不做或稍做改动（主要改动本地化部分）情况下，对不同的语言（主要为英语、汉语和日语）进行处理。其原因有二：

①该方法需要词性标注提供支持。也即在使用本部分所提方法进行术语抽取之前，需要对待处理的文本进行分词并进一步进行词性标注。因此，有相当一部分涉及不同语种的处理工作无须本方法考虑。而事实证明，对于汉语和日语这种没有分隔符的语种而言，分词和词性标注质量直接影响到术语

抽取的质量。

②科技文献，尤其是专利，在句式结构和词汇来源等方面具有较高的一致性，这种一致性为专利术语抽取的研究提供了方便，尤其是降低了语种间的差异程度。

5.4.2　对专利机器翻译的支持

随着专利在信息服务中扮演着愈发重要的角色，专利的机器翻译成为信息服务机构内机器翻译的研究重点之一。在机器翻译中，名词和名词短语对翻译结果的质量有重要影响，术语抽取对其价值有二：

①确定具有翻译价值的候选名词或名词短语，并通过权重揭示这些候选名词或名词短语的重要性。

②将中文分词结果中过短的词串重新连接成为一个名词短语，为机器翻译提供合适的翻译单元。

表 5-6 是部分英文抽取结果的示例。其中，第 1 列是候选术语，此处显示词干。第 2 列是候选术语所在句子的编号。第 3 列是候选术语的 TF-IDF 值。

表 5-6　部分英文抽取结果示例（显示词干）

候选术语	句子	TF-IDF 值
meta-	ST4097	10.8197
hydrogen castor oil	ST34002	9.8361
sarcosin	ST18720	6.94283
ecr	ST37471	6.60339
microelectron devic	ST7902	5.826
uac	ST16677	5.75643
antenna support	ST69942	5.75643
polycrystallin materi	ST13716	5.75643
catalyz copolym	ST84642	5.75643
lyas	ST75859	5.6591

仅依靠表 5-6，事实上只能判断该术语，是否为名词或名词词组，是否具有独立意义。为了达到更为精确的结果，可以将上述候选术语放入所在的句子做进一步判断。

同样地，中文抽取结果如表 5-7 所示。在中文术语的抽取结果中，带有 POS 信息，这是在定性评价的基础上，为中文提供的特殊处理。

表 5-7　部分中文抽取结果示例（带 POS 标注）

候选术语	句子	TF-IDF 值
后 #lc –#pu 清洁 #nn 载片 #nn	ST334194	13.1187
内部 #nn 装置 #nn	ST378626	13.1187
半透明 #nn 外层 #nn	ST229089	13.1187
纵向 #jj 钻孔 #nn	ST185822	13.1187
圆形 #jj 沟槽 #nn	ST346299	13.1187
设定 #vv 位置 #nn	ST410473	13.1187
乳胶球 #nn	ST119368	13.1187
安装 #nn 装 #vv 配体 #nn	ST340737	13.1187
h1#nn 拮抗剂 #nn	ST118879	13.1187
–#pu 系数 #nn	ST226196	13.1187

在研究中发现通过设置合适的 TF-IDF 阈值可以将英文中非名词或名词短语有效过滤掉。但是，对于中文而言，在定性评价中发现的很多问题均无法回避词性。猜测这可能是由于中文较之英文在语法和词汇方面更为复杂的原因。除上述中文与英文术语抽取的差别外，定性评价研究得出以下结论。

①多词短语词长的理想范围是 1～5。这与此前面向信息分析的专利术语抽取有所不同。面向信息分析的专利术语抽取中，词长的理想范围是 2～3。这是由机器翻译这一应用环境所决定的。在机器翻译中，需要大量的名词和名词短语，用以计算生成模型。因此，在面向机器翻译的术语抽取中，可适当减弱对术语专指性的要求。

②候选术语的 TF-IDF 值下限约为 0.5。这是在定性评价中得出的经验性

结果。

③文档频率（DF）不仅在计算 TF-IDF 值时起到重要作用，它本身也是一个重要的指标。通过定性评价，经验性地将 DF 的上限设为测试集合句子总量的 1%。超过这个数值则抛弃该候选词。

④数字在处理时成为难点。一方面，待处理的句子中有长度、百分比或剂量等方面的数值，在机器翻译中无用；另一方面，数字也广泛存在于化学式之中，去除将使大量化学式无法识别。目前的处理方法是暂不对数字进行处理，但这也带来一定量的错误识别。

5.5　本章小结

应用对象不同，多语言科技术语抽取方法在具体的模型选择和参数设置方面会有不同。这种不同会有多种表现形式，但归根到底是由需求造成的。对于一般的术语抽取研究而言，根据数据的分布情况，选择模型和参数，将数据输入模型，经过计算得到术语抽取的结果。对这些结果进行评价，判断所使用模型是否达到良好的效果。同时，还可以进一步从评价的结果反馈，用以改善模型。图 5-2 中实线所示为一般术语抽取研究的框架。

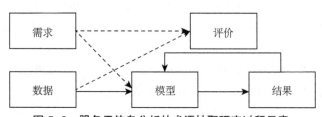

图 5-2　服务于信息分析的术语抽取研究过程示意

面向专利信息服务的术语抽取研究尽管仍旧遵从上述技术路线，但是它的研究需求来自信息服务。首先，需求和数据同时决定选用何种模型，尤其是模型的参数。其次，需求决定了评价方法，来自实际工作的数据又为批处理评价带来困难。图 5-2 中虚线表征了影响因素。面向专利信息服务的术语抽取研究即在上述实线所示的数据流程和虚线所示的影响因素共同影响下而有别于一般的术语抽取研究。

参考文献

[1] ZADEH B Q，HANDSCHUH S. Evaluation of technology term recognition with random indexing[C].Proceedings of the 9th International Conference on Language Resources and Evaluation.2014：4027.4032.

[2] 刘建华，张智雄，徐健，等．自动术语识别：对科技文献进行文本挖掘的重要技术方法 [J]. 现代图书情报技术，2008（8）：12-17.

[3] 张雪，孙宏宇，辛东兴，等．自动术语抽取研究综述 [J]. 软件学报，2020，31（7）：2062-2094.

[4] LIU J，SHANG J，WANG C，et al.Mining quality phrases from massive text corpora [M]//Proc.of the SIGMOD.Victoria：ACM，2015：1729-1744.

[5] JINGBO S, JIALU L, MENG J, et al. Automated phrase mining from massive text corpora[J/OL]. (2017-02-15)[2022-11-20]. https://arxiv.org/pdf/1702.04457v1.pdf.

[6] 胡雅敏，吴晓燕，陈方．基于机器学习的技术术语识别研究综述 [J]. 数据分析与知识发现，2022（2/3）：7-15.

[7] BOURIGAULT D，GONZALEZ-MULLIER I，GROS C.LEXTER，a natural language processing tool for terminology extraction [M]//Proceedings of the 7th EURALEX International Congress. Sweden：Novum Grafiska AB，1996：771-779.

[8] FOO J，MERKEL M .Using machine learning to perform automatic term recognition[J]. 2012. DOI:urn:nbn:se:liu:diva-75237.

[9] LI S L，XU B，YANG Y J. Drte：a term extraction method for K12 education[J].Journal of Chinese information processing，2018，32（3）：101-109.

[10] SALTON G，BUCKLEY C. Term-weighting approaches in automatic text retrieval [J]. Information processing&management，1988，24（5）：513-523.

[11] NAVIGLI R，VELARDI P.Semantic interpretation of terminological strings[C]//Proceedings of the 6th International Congress on Terminology and Knowledge Engineering.2002：95-100.

[12] ZHOU L，SHI S M，FENG C，et al. A Chinese term extraction system based on multi-strategies integration [J]. Journal of the China society for scientific and technical information，2010，29（3）：460-467.

[13] YAN X L, LIU Y Q, FANG Q, et al. Domain-specific terms extraction based on Web resource and user behavior[J]. Journal of software, 2013, 24 (9): 2089-2100.

[14] LOSSIO-VENTURA J A, JONQUET C, ROCHE M, et al. Biomedical terminology extraction: a new combination of statistical and web mining approaches [C] //Proceedings of the JADT 2014. 2014: 421-432.

[15] AHMAD K, GILLAM L, TOSTEVIN L.University of surrey participation in tree8: Weirdness indexing for logical document extrapolation and retrieval (wilder) [C] //Proc eedings of the TREC.1999: 1-8.

[16] LOPES L, FERNANDES P, VIEIRA R.Estimating term domain relevance through term frequency disjoint corpora frequency-tf-dcf [J]. Knowledge-based systems, 2016, 97: 237-249.

[17] PARK Y, BYRD I, BOGURAEV B K.Automatic glossary extraction: Beyond terminology identification [C] //Proceedings. of the COLING.Stroudsburg: ACL, 2002: 1-7.

[18] MYKOWIECKA A, MALGORZATA M, RYCHLIK P. Recognition of non-domain phrases in automatically extracted lists of terms[C].Computer 2016 5th International Workshop on Computational Terminology, 2017.

[19] VIVALDI J, CABRERA-DIEGO L A , SIERRA G ,et al. Using wikipedia to validate the terminology found in a corpus of basic textbooks[C]. European Language Resources Association (ELRA), 2012.

[20] VIVALDI J, RODDGUEZ H. Using wikipedia for term extraction in the biomedical domain: First experiences [J]. Procesamiento del lenguaje natural, 2010, 45: 251-254.

[21] ASTRAKHANTSEV N. Automatic term acquisition from domain-specific text collection by using Wikipedia [J]. Proceedings of the institute for system programming, 2014, 26 (4): 7-20.

[22] HAQUE R, PENKALE S, WAY A.TermFinder: log-likelihood comparison and phrase-based statistical machine translation models for bilingual terminology extraction [J]. Language resources and evaluation, 2018, 52 (2): 365-400.

[23] 岑咏华，韩哲，季培培.基于隐马尔科夫模型的中文术语识别研究[J].现代图书情报技术，2008（12）：54-58.

[24] DOAN S, XU H.Recognizing medication related entities in hospital discharge summaries using support vector machine [C]//Proceedings of the 23rd International Conference on Computational Linguistics.2010：259-266.

[25] TAKEUCHI K.Use of support vector machines in extended named entity recognition[C]//Proceedings of the 6th Conference on Natural Language Learning.2002：1-7.

[26] LIU L, XIAO Y Y.A statistical domain terminology extraction method based on word length and grammatical feature [J]. Journal of Harbin engineering university，2017，38（9）：1437-1443.

[27] LIU J, SHANG J, WANG C, et al.Mining quality phrases from massive text corpora[C]//Proceedings of the SIGMOD. Victoria：ACM，2015:1729-1744.

[28] ZHENG D, ZHAO T, YANG J. Research off domain term extraction based on conditional random fields[C]//Proceedings of the ICCPOL. Berlin：Springer-Verlag，2009:290-296.

[29] ZHANG X, SONG Y, FANG A C. Term recognition using conditional random fields[C]//Proceedings of the 6th International Conferenceon Natural Language Processings and Knowledge Engineering 1EEE，2010:1-6.

[30] ZHANG Z C. Using integration strategy and multi—level termhood to extract terminology[J]. Journal of the China society for scientific and technical information，2011，28（3）：275-285.

[31] LOUKACHEVITCH N V. Automatic term recognition needs multiple evidence[C]//CALZOLARI N, CHOUKRI K. Processings of the LREC. Portoro：European Language Resources Association. 2012：2401-2407.

[32] CONRADO M D, PARDO T A, REZENDE S O .A machine learning approach to automatic term extraction using arich feature set[C]//Processings of the 2013 NAACL HLT Student Research Workshop. Stroudsburg：ACL. 2013:16-23.

[33] YUAN Y, GAO J, ZHANG Y. Supervised learning for robust term extraction[C]// Processings of the International Conference on Asian Language Processings. IEEE，2017:302-305.

[34]　MCDONALD R，PEREIRA F. Identifying gene and protein mentions in text using conditional random fields[J]. BMC bioinformatics，2005，6（Suppl 1）:S6.

[35]　黄菡，王宏宇，王晓光. 结合主动学习的条件随机场模型用于法律术语的自动识别 [J]. 数据分析与知识发现，2019，3（6）:66-74.

[36]　YANG Y，YU H，MENG Y，et al. Fault-tolerant learning for term extraction[C]// Processings of the 24th Pacific Asia Conference on Language，Information and Computation. Institute for Digital Enhancement of Cognitive Development，2010:321-330.

[37]　ASTRAKHANTSEV N. Automatic term acquisition from domain-specific text collection by using Wikipedia[C]// Processings of the Institute for System Programming，2014，26（4）：7-20.

[38]　MALDONADO A，LEWIS D. Self-tuning ongoing terminology extraction retrained on terminology validation decisions[C]// Processings of the Conference on Terminology and Knowledge Engineering. 2016:91-101.

[39]　AKER A，PARAMITA M，GAIZAUSKAS R.Extracting bilingual terminologies from comparable corpora[C]// Processings of the 51st Annual Meeting of the Association for Computational Linguistics. Stroudsburg：ACL. 2013: 402-411.

[40]　JUDEA A，SCHIITZE H，BRIIGMANN S. Unsupervised training set generation for automatic acquisition of technical terminology in patents[C]// Processings of the COLING. Stroudsburg：ACL，2014:290-300.

[41]　WANG H，WANG M P，SU X N. A study on Chinese patent terms extraction for ontology learning [J].Journal of the China society for scientific and technical information，2016，35(6)：573-585.

[42]　SHANG J B，LIU J，JIANG M，et al. Automated phrase mining from massive text corpora[J].IEEE Transactions on knowledge and data engineering，2018，30(10)：1825-1837.

[43]　MIHALCEA R，TARAU P. Textrank：bringing order into text[C]// Processings of the EMNLP. Stroudsburg：ACL，2004:404-411.

[44]　KHAN M T，MA Y，KIM J. Term ranker：a graph-based re-ranking approach[M]// Processings of the 29th International Florida Artificial Intelligence Research Society Conference. Florida：AAAI Press,2016:310-315.

[45] PAN L M, WANG X C, LI J Z,et al. Course concept extraction in MOOCs via embedding-based graph propagation[C]// Processings of the 8th International Joint Conference on Natural Language Processings. Asian Federation of Natural Language Processings, 2017:875-884.

[46] ZHANG Z, GAO J, CIRAVEGNA F. Semre·xank: Improving automatic term extraction by incorporating semantic relatedness with personalised pagerank[J].ACM Transactions on knowledge discovery from data, 2018, 12(5): 1-41.

[47] ZHANG Z, PETRAK J' MAYNARD D. Adapted textrank for term extraction: a generic method of improving automatic term extraction algorithms[C]// Processings of the 14th International Conference on Semantic Systems. Elsevier, 2018:102-108.

[48] BOLSHAKOVA E, LOUKACHEVITCH N,NEKEI M. Topic models can improve domain term extraction[M]// Processings of the European Conference on Information Retrieval. Moscow: Springer-Verlag ,2013:684-687.

[49] LI S, LI J, SONG T, et al. A NOVEL topic model for automatic term extraction[M]// Processings of the SIGIR. New York: ACM, 2013. 885-888.

[50] EL-KISHKY A, SONG Y, Voss C R, et al. Scalable topical phrase mining from text corpora[J]. Processings of the VLDB endowment, 2014, 8(3): 305-316.

[51] SU M S, LI L, LIU Z Y. Unsupervisied bilingual terminology extraction algorithm for Chinese·English parallel patents[J].Journal of tsinghua university(science and technology), 2014, 54(10): 1339-1343.

[52] LI B, WANG B, ZHOU R, et al. CITPM: a cluster-based iterative topical phrase mining framework[M]//Processings of the International Conference on Database Systems for Advanced Applications. Switzerland: Springer-Verlag, 2016:197-213.

[53] ARORA C, SABETZADEH M, BRIAND L, et al. Automated extraction and clustering of requirements glossary terms[J].IEEE transactionson software engineering, 2017,43(10): 918-945.

[54] SAHU S, ANAND A. Recurrent neural network models for disease name recognition using domain invariant features[C]//Proceedings of the 54th Annual

Meeting of the Association for Computational Linguistics. 2016：2216–2225.

[55] 刘宇飞，尹力，张凯，等 . 基于深度迁移学习的技术术语识别 : 以数控系统领域为例 [J]. 情报杂志，2019，38(10)：168,175.

[56] KHOSLA K，JONES R，BOWMAN N. Featureless deep learning methods for automated key–term extraction [D].Stanford：Stanford University，2019:1–10.

[57] GAO Y，YUAN Y. Feature less end–to–end nested term extraction [C]// Processings of the CCF International Conference on Natural Language Processings and Chinese Computing. Cham：Springer–Verlag，2019:607–616.

[58] KUCZA M，NIEHUES J，ZENKEL T，et al. Term extraction via neural sequence labeling a comparative evaluation of strategies using recurrent neural networks[C]//Processings of the Interspeech. Hyderabad：ISCA，2018:2072–2076.

[59] FRANTZI K，ANANIADOU S，MIMA H. Automatic recognition of multi–word terms：The c–value ／ nc–value method [J]. Journal on digital libraries，2000，3(2)：115–130.

[60] YOU H L，ZHANG W，SHEN J Y，et al. A weighted voting based automatic term recognition method [J]. Journal of Chinese information processings，20 11，25(3)：9–17.

[61] HE L. Domain ontology terminology extraction based on integrated strategy method [J]. Journal of the China society for scientific and technical information，2012,31(8)：798–804.

[62] LOSSIO–VENTURA J A，JONQUET C，ROCHE M，et al.Yet another ranking function for automatic multiword term extraction[C]//Processings of the 9th International Conference on NLP. Switzerland：Springer–Verlag，2014:52–64.

[63] LI L S，WANG Y W，HUANG D G. Term extraction based on infomation entropy and word frequency distribution variety[J].Journal of Chinese information processings，2015，29(1)：82–87.

[64] STANKOVIĆ R，KRSTEV C，OBRADOVIC I，et al. Rule—based automatic multi. word term extraction and lemmatization[C]//CALZOLARI N. CHOUKRI K. Processingsofthe LREC. Portoro：European Language Resources Association，2016:507–514.

[65] DONG Y Y, LI W H, HU H. Domain term extraction method based on hierarchical combination strategy for Chinese web documents [J]. Journal of north western polytechnical university, 2017, 35(4): 729–735.

[66] LI B, YANG X, ZHOU R, et al. An efficient method for high quality and cohesive topical phrase mining [J]. IEEE transaction on knowledge and data engineering, 2019,31(1): 120–137.

[67] 曹依依. 基于命名实体识别的医学术语发现及应用 [D]. 重庆: 重庆邮电大学, 2019.

[68] 李明浩, 刘忠, 姚远哲. 基于 LSTM-CRF 的中医医案症状术语识别 [J]. 计算机应用, 2018, 38(s2): 42–46.

[69] ZHAO H, WANG F. A deep learning model and self-training algorithm for theoretical terms extraction [J]. Journal of the China society for scientific and technical information, 2018, 37(9): 923–938

[70] 袁慧. 基于 BiLSTM 与 CRF 的命名实体识别研究: 以生态治理技术相关实体为例 [D]. 北京: 中国科学院大学, 2017.

[71] 王昊, 邓三鸿, 苏新宁, 等. 基于深度学习的情报学理论及方法术语识别研究 [J]. 情报学报, 2020, 39(8): 817, 828.

[72] 王学锋, 杨若鹏, 朱巍. 基于深度学习的军事命名实体识别方法 [J]. 装甲兵工程学院学报, 2018, 32(4): 94–98.

[73] 冯鸾鸾, 李军辉, 李培峰, 等. 面向国防科技领域的技术和术语识别方法研究 [J]. 计算机科学, 2019, 46(12): 231–236.

[74] 刘宇飞, 尹力, 张凯, 等. 基于深度迁移学习的技术术语识别: 以数控系统领域为例 [J]. 情报杂志, 2019, 38(10): 168–175.

[75] MA X Z, HOVY E. End-to-end sequence labeling via bidirectional LSTM-CNNs-CRF[C]//Proceedings of the 54th Annual Meetillg of the Association for Computational Linguistics. 2016: 1064–1074.

[76] STRUBELL E, VERGA P, BELANGER D, et al. Fast and accumte entity recognition with iterated dilated convolutions[C]//Proceedings of the 2017 Conference on Empirical Methods in Natrural Language Processings. 2017: 2670–2680.

[77] 蒋翔, 马建霞, 袁慧. 基于 BiLSTM-IDCNN-CRF 模型的生态治理

技术领域命名实体识别 [J]. 计算机应用与软件，2021，38(3)：134–141.

[78]　马千程，王崑声，周晓纪. 基于深度学习的竞争情报命名实体识别研究 [J]. 情报探索，2020(9)：1–7.

[79]　赵鹏飞，赵春江，吴华瑞，等. 基于注意力机制的农业文本命名实体识别 [J]. 农业机械学报，2021，52(1)：185，192.

第 6 章　机器翻译

　　没有机器翻译技术，多语言科技信息智能处理则无从谈起，海量的多语言科技信息经过机器翻译处理后才能将用户所需情报实时地传递到客户端。机器翻译是笔者团队的重要构成部分，"多语言科技信息智能处理与服务"的质量取决于所依赖的机器翻译系统的翻译质量。

　　机器翻译（Machine Translation，MT）是实现一种语言到另一种语言自动翻译的技术，即实现从源语言（Source Language）向目标语言（Target Language）的转换。作为自然语言处理学科的重要方向之一，机器翻译也沿袭了自然语言处理的交叉学科属性，所涉领域甚广。翻译本身是一项实务性很强的工作，学术界在讨论机器翻译的时候，也常常从实务角度出发，分析人们对语言翻译的种种需求，探讨机器翻译的目标及意义。近年来随着人工智能取得革命性突破，机器翻译在业界成就斐然，已经可以在越来越多的应用场景中使用到机器翻译系统，享受便利，同时也对机器翻译系统的翻译质量与实务需求之间的差距有了更多直观体验。因此，机器翻译领域自然更加关注翻译系统的质量、速度、可操作性。机器翻译既是一个技术问题也是一个科研问题。作为自然语言处理中的活跃研究领域，机器翻译是各种前沿技术交叉融汇的试验场，不同领域的研究者竞相逐鹿，各抒机杼，立谈之间可能又有新作，这正是机器翻译极具魅力的所在。

6.1　机器翻译方法

　　机器翻译的研究至今已经过了 70 年的发展，始于 20 世纪 50 年代，1966年之后进入低谷，70 年代进入快速发展期，90 年代迎来高潮期，直至 21 世纪前 10 年为平台期，2015 年之后又达到爆发期。关于机器翻译不同发展阶段的时空环境及具体表现，已有许多专家的著作珠玉在前，源流始末清晰，本章只在前人考证的基础上对机器翻译方法的脉络做简要梳理，而后摘选其中统计机器翻译方法及神经机器翻译方法进行更深一层的探讨。最后，介绍笔者团队多语言科技信息服务系统中的机器翻译技术，即基于多级领域信息的神经融合模型。

追溯历史线索，机器翻译出现在不同学科的分支上，其中包括语言学中的计算语言学（Computational Linguistic）、计算机科学中的自然语言处理（Natural Language Processing，NLP）。机器翻译方法经历了数次大的变革，这种变革背后的哲学逻辑深植于其上位学科。语言学、心理学、人工智能等交叉学科发展史的研究常会言及理性主义方法与经验主义方法交替主导的过程。20 世纪 40 年代到 50 年代末，经验主义方法占主导地位，后来应用甚广的概率模型（Probabilistic Models）及神经元（Neuron）理论都产生于这一时期。而后的 20 世纪 60 年代中期到 80 年代中后期，理性主义研究方法占据主导地位，着重推理和逻辑问题，自然语言处理围绕形式语言理论和生成句法展开，基于规则将句子的语法结构映射到语义符号。这一时期在句法分析和语义分析方面都积累了坚实的理论基础。与此同时，属于经验主义方法范畴的随机范式也在持续发展。自 20 世纪 80 年代，相关学科的研究又重回经验主义，概率模型开始进入自然语言处理领域。到了 90 年代，概率和数据驱动方法全面应用于自然语言处理的各个领域。

机器翻译方法也基本符合这样的发展特点，略有不同的是机器翻译方法大致可以分为前后两个阶段：前期主导的是基于规则的机器翻译（Rule-Based Machine Translation），后期逐步转向基于语料库的机器翻译（Corpus-Based Machine Translation）。基于语料库的机器翻译又分为基于记忆的机器翻译方法（Memory-Based Machine Translation）、基于实例的机器翻译方法（Example-Based Machine Translation）、统计机器翻译方法（Statistical Machine Translation）和神经机器翻译方法（Neural Network Machine Translation）。

以下两个小节介绍最为经典的统计机器翻译方法和神经机器翻译方法。

6.1.1　统计机器翻译方法

统计机器翻译（Statistical MT，SMT）建立在噪音信道模型之上，它先要对翻译过程建立数学模型，利用大规模双语语料库估计模型参数，进而根据模型及估计的参数执行翻译。统计方法的优势在于不需要太多的人工参与，大大降低了机器翻译系统的开发代价。语料库的日趋完备和算力的大幅提升，都极大地促进了统计机器翻译方法的发展。自 20 世纪 90 年代诞生起至 2015 年前后，统计机器翻译都是机器翻译研究最具代表性的方法。

在统计机器翻译中，一个源语言句子 $f_1^J = f_1 f_2, \cdots, f_J$ 存在多种翻译方式，任何目标语言句子 $e_1^I = e_1 e_2, \cdots, e_I$ 都可视为一种可能的翻译。这里 f_j 为源语言句子的第 j 个词，J 为源语言句子长度，e_i 表示目标语言句子的第 i 个词，I 为目标语言句子长度。使用翻译概率 $\Pr(e_1^I|f_1^J)$ 来表示 f_1^J 翻译成 e_1^I 的可能性，翻译问题就转化为在已知源语言句子 f_1^J 的情况下寻找与其翻译概率最大的目标语言句子 e_1^I：

$$\hat{e}_1^I = \operatorname{argmax}_{e_1^I} \operatorname{pr}\left(e_1^I | f_1^J\right)。 \tag{6-1}$$

依此模型，可以将这个翻译概率按照所建模型的具体理念分解成若干个相应的子问题来求解。例如，生成模型将这个翻译概率看成目标句子长度模型、词对齐模型、位变模型、词的繁衍率模型、词的翻译模型及语言模型等子问题，而对数线性模型则将每个特征函数看作子问题。所以如何将翻译问题转化为子问题就决定了翻译模型。

实现一个统计机器翻译系统通常需要解决 3 个问题：建模、参数训练和设计搜索算法。建模就是对式（6-1）中的翻译概率建立数学模型，训练是在真实的数据集上实现模型参数的自动学习；搜索则是利用学习到的模型参数执行解码过程，寻找最优解。这 3 个问题之中建模是关键，它决定着训练和搜索的实施策略。

以下介绍统计机器翻译中几种主要的翻译模型，包括基于词的统计机器翻译模型、基于短语的统计机器翻译模型和基于句法的统计机器翻译模型。

6.1.1.1 基于词的统计机器翻译模型

在基于词的统计机器翻译模型中，翻译过程被看成是一个信源信道模型。假设目标语言 e_1^I 句子，经过某一噪声信道后变成源语言句子 f_1^J，翻译的目标就是根据观察到的源语言句子 f_1^J 恢复成最可能的目标语言句子 e_1^I。根据 Bayes 公式翻译概率表示为

$$\Pr(e_1^I | f_1^J) = \frac{\Pr(e_1^I)\Pr(f_1^J | e_1^I)}{\Pr(f_1^J)}。 \tag{6-2}$$

相应地，搜索公式为：

$$\begin{aligned} \hat{e}_1^I &= \operatorname{argmax}_{e_1^I} \Pr\left(e_1^I | f_1^J\right) \\ &\approx \operatorname{argmax}_{e_1^I} \Pr\left(e_1^I\right) \Pr\left(f_1^J | e_1^I\right)。 \end{aligned} \tag{6-3}$$

式（6-3）就是统计机器翻译的基本方程式。其中 $\Pr\left(e_1^I\right)$ 称为语言模型，

$\Pr\left(f_1^J|e_1^I\right)$ 称为翻译模型。

Brown 以词语为基本翻译单位，提出了由易到难的 5 个翻译模型，通常被称为 IBM 模型，该模型奠定了统计机器翻译的数学基础。IBM 模型的核心思想为：将词对齐作为隐变量引入翻译过程，利用 EM 算法从句子级对齐的语料中自动训练出单词对齐，利用与词对齐相关的概率，通过动态规划算法搜索出式（6-3）中对应源语言句子 f_1^J 最优目标语言句子 $\hat{e}_1^I$。

IBM 模型对从词到词的自动生成过程进行建模，数学建模描述十分严密。它所使用的统计方法功能强大。在 1999 年约翰霍普金斯大学（Johns Hopkins University）夏季研讨班上研究人员实现了 IBM 模型，并公开了源代码 GIZA。后来 Och 博士开发了增强版的工具包 GIZA++ 为统计机器翻译研究提供了很好的工具 [①]。该工具包采用无监督的训练方法，适用于大规模数据，是统计机器翻译研究中运用最为广泛的基础性工具。

但是，IBM 模型的翻译单元是单个的词，只能学习到由词到词的翻译知识，对词的上下文未做考虑，不适合翻译习惯表达、成语等结合紧密的源语言串；它的重排序能力较差；模型比较复杂，需要估计的参数太多。由于这些问题，目前 IBM 模型本身已经很少为人所用，GIZA++ 工具包则常被用于训练双语语料的词对齐。

针对基于词的统计机器翻译模型存在的缺陷，人们提出了基于短语的统计机器翻译模型。

6.1.1.2　基于短语的统计机器翻译模型

基于短语的统计机器翻译方法是以短语作为翻译的基本单元。这里的短语只是连续的串，不一定具备句法意义，它能够较好地表达词的上下文信息，学习到一些局部词的重排序信息，因而改进了基于词的统计翻译方法，成为统计机器翻译新的研究热点。

目前，基于短语的统计机器翻译模型基本成熟。"双语短语"被定义为源语言或者目标语言任意连续单词组成的互为翻译的串对。它的主要翻译过程包括：根据均匀分布的假设将源语言句子划分成短语，利用预先抽取的短语翻译对表将每一个源语言短语翻译成目标语言短语，然后利用重排序模型对目标语言短语进行重排序，最终得到目标语言句子。从这个过程可以看

---

① http://www.fjoch.com/GIZA++.html.

出，基于短语的统计机器翻译模型的关键在于短语表的构建和重排序模型的设计。

基于短语的统计机器翻译模型的优势在于：它利用短语作为单位，很好地学习到了词的上下文信息和局部重排序信息，长于翻译习惯用语和多语言表达。总体看来，基于短语的统计机器翻译模型较之基于词的统计机器翻译模型，翻译性能有了很大提高。但是由于受到翻译模型本身的限制，基于短语的统计机器翻译模型又存在难以克服的缺陷。这主要表现在以下 3 个方面：①短语的重排序能力差：已有的重排序模型大都难以做到全局的重排序。实际上，短语的重排序常常和短语的内在结构有联系，而基于短语的统计机器翻译模型中使用的这些重排序模型只停留在语言表面，只进行简单的短语匹配和位置调整，没有涉及更为深层次的语言学知识，因而重排序能力比较差。②短语表的构建鲁棒性差：在现有的基于短语的统计机器翻译模型中，短语要求完全匹配，只要有一个字或者词不一样，这个短语对就不能使用，甚至可能导致这个源语言短语无法翻译。实际上，在短语表中，常常存在语义相似或者形式相近的短语对，可以利用它们所提供的信息来生成翻译。③短语的连续性泛化：目前，基于短语的翻译系统中的短语都是连续的，在源语言端和目标语言端都呈现为连续的词串。但是在翻译的时候，仅仅使用这些连续短语是不够的。例如，在笔者团队研究的短语表中，有短语对"一位 精通 日语 的 医生 ‖ a doctor who can understand Japanese very well"，但是在需要翻译"一位 精通 英语 的 医生"的时候，在短语表中却找不到完全匹配的短语对，这就要求短语对具有一定的泛化能力，而这恰恰是连续短语不能解决的问题。非连续短语则具备这样的能力，如果能够学习到非连续短语对"一位 精通 X 的 医生 ‖ a doctor who can understand X very well"和连续短语对"英语 ‖ English"，那么源短语"一位 精通 英语 的 医生"就很容易翻译。在此使用非终结符 X 来表示一个泛化标志，它可以使用连续短语对来替换。

以上 3 个问题正是基于短语的统计机器翻译模型自身不能解决的问题。针对这些缺陷，研究人员试图引入更深层次的语言结构和句法信息来改善统计机器翻译模型的性能，因而出现了基于句法的统计机器翻译模型。

6.1.1.3 基于句法的统计机器翻译模型

基于句法的统计机器翻译模型的特点在于引入语言的结构信息，利用其层次化重排序能力、泛化能力和处理非连续短语的能力生成目标翻译，较之基于短语的统计机器翻译模型，因其借鉴了基于规则的翻译方法的经验，又结合了基于语料库的翻译方法的精华，顺应了机器翻译研究发展的必然趋势。

按照句法信息是否借用语言学知识，基于句法的统计机器翻译模型可以分为两类：基于形式句法的统计机器翻译模型（Formally Syntax-based Statistical Machine Translation Models）和基于语言学句法的统计机器翻译模型（Linguistically Syntax-based Statistical Machine Translation Models）。基于形式句法的统计机器翻译模型使用形式化的结构表示了句子的某种层次性划分，它的层次化结构能够实现全局的短语重排序，使用非终结符来标志短语使得该翻译模型可以使用非连续短语，从而能够改善基于短语的统计机器翻译的缺陷。但是因为各个节点和节点的关系不具有语言学意义，没有利用深层次的语言学知识，加上同步文法要求源语言树和目标语言树是同构的，因而形式化结构的表达能力有限。基于形式句法的统计翻译模型中，Wu 的反向转录文法（Inversion Transduction Grammar，ITG）利用同步语法在对源语言和目标语言做双语句法分析的同时体现了句子的句法结构。

为了降低计算复杂度，ITG 的退化版本是括号转录文法（Bracketing Transduction Grammar，BTG），只是保序或者逆序地合并两个相邻成分。Xiong 在 BTG 的基础上，使用最大熵模型预测任意相邻成分保序或者逆序的概率。而 Chiang 提出的基于层次短语的翻译模型，无须进行句法分析，直接从平行文本中自动学习上下文无关的文法规则，其层次化短语包含了连续短语和非连续短语，短语的泛化能力和重排序能力更强。

基于语言学句法的统计机器翻译模型使用具有语言学意义的层次结构，其节点本身和节点之间都使用了语言学知识，常常利用源语言端或者目标语言端或者两端的句法分析树。现有的句法分析树又包括短语结构树和依存树。前者描述了句子的组成成分及各成分之间的关系，串到树翻译模型（String-to-tree Translation Model）和树到树翻译模型（Tree-to-tree Translation Model）。串到树翻译模型的基本思想是假设目标语言端的树经过噪音信道后被异化为源语言的串，通过解码将源语言的串还原成目标语言的树。Yamada 使用同步上下文无关文法，经过一系列作用于节点上的"通道操作"，从源语言句子反向搜索出目标语言的结构树。该模型属于基于句法的统计机器翻译模型的开拓性工作，但是由于它的操作作用于词上，重排序只局限于同一个父节点的孩子之间，模型的表现能力受到限制；Galley 将目标语言树和源语言句子对齐，自动抽取规则，描述出多层结构。Marcu 采用了对数线性模型，引入更多的特征函数，并且使用了非句法双语短语，因而模型性能超过了对齐模板方法。树到串的翻译模型利用概率化的规则，转化的是从源语言的树到目标语言的串。Liu 利用源语言树到目标串的对齐模板作为规则，自底向上地遍历源语言结构树中每个节点，搜索与之匹配的对齐模板，最终生成目标译文。Zollmann 把 Chiang 的思想应用到句法规则中，既包括了层次化短语，又加入了句法放大规则，根据该串到树翻译模型，由 CMU 开发研制的开放工具包 SAMT（Syntax Augmented Machine Translation）在 2007 年国际口语翻译评测（IWSLT）中取得了第 3 名成绩。树到树的翻译模型通过树转换或者同步分析试图实现从源语言树到目标语言树的生成。与树到串翻译模型和串到树翻译模型相比较，树到树的翻译模型显然更复杂，需要解决语言间的结构性差异问题。这类方法主要研究源语言子树到目标语言子树的映射。Shieber 在树粘接语法（Tree Adjoining Grammar, TAG）的基础上提出同步树粘接语法，对双语子树对进行替换和粘接操作得到目标树的推导。Eisner 在树替换文法（Tree Substitution Grammar）的基础上提出了同步树替换语法，类似于同步树粘接文法，但是少了粘接操作。Menezes 采用一种逻辑形式结构（Logic Form Structure）来表示源语言到目标语言句子的语法结构；Gildea 引入子树克隆操作来解决树的非同构问题。Melamed 提出了多文本语法（Multitext Grammar, MTG）进行多语言的翻译，多文本语法比同步上下文无关语法更通用，理论较完备，但是计算复杂性和生成错误阻碍了它的实用化工具包 GenPar 的流行。Hajic 从句法分析树中获取句法语义表示形式（Syntactic-semantic Sentence Representation, TR），通过训练得到词汇化的树同步替换语法。树到树翻译模型面临更多句法分析技术问题和数据稀疏问题的挑战。

较之短语结构树，依存结构树是词汇化的，它能够体现出词汇间更多的语义关系，减小树结构的差异性。后期越来越多的研究者采用依存句法树信息来进行机器翻译。Lin 提出基于路径的转换模型，从源语言的依存树出发，抽取所有可能的路径，搜索与路径相匹配的转换规则，组装成一棵目标语言转换树，导出译文。Ding 利用同步依存插入语法（Syschronous Dependency Insertion Grammar, SDIG），在依存语法上定义了替换和粘接的操作。Quirk

使用稚树（Treelet），对源语言句子进行依存句法分析，将依存结构映射到目标语言上得到目标语言的依存树，然后对目标语言句子子树进行重排序。该模型稚树的规模和搜索空间都很大。

综上所述，基于句法的统计机器翻译系统使用层次结构弥补了基于短语的统计机器翻译在短语的连续性和重排序模型上的缺陷，提高了翻译质量。但是基于句法的统计机器翻译仍然没有能够大范围流行起来，一些现存的相关技术问题限制了该类模型的发展。

6.1.2　神经机器翻译方法

神经机器翻译是依托神经网络或者说深度学习发展起来的一种机器翻译方法。将神经网络技术用于机器翻译的探索可以追溯到 Waibel 在 1991 年的工作，而后在 Forcada、Neco 和 Catano1997 年研究中能看出解码器编码器的想法，可以说与今日的神经机器翻译方法已经是非常接近了。然而与神经网络技术发展的进程一样，神经机器翻译方法也经历了数十年的沉寂。彼时受限于计算机的算力，神经机器翻译方法在性能与表现上都无法企及当时居于主导地位的统计机器翻译。神经网络技术再度应用于机器翻译领域可见于 Schwenk 在 2006—2012 年的一系列工作，将神经语言模型融入统计翻译系统。随后 Devlin 用多层感知机（Multilayer Perceptron，MLP）取代此前的 n-gram 语言模型，并在一些统计翻译评测任务中取得较大提升。而完全使用神经网络的机器翻译，即通常意义上的神经机器翻译方法，在这一波的复兴过程中有几个代表性的研究，分别是用序列到序列模型（Sequence-to-sequence Models）的 Cho 与 Sutskever 及使用卷积模型（Convolutional Model）的 Kalchbrenner、Blunsom。此后短短数年，神经机器翻译便在机器翻译测评任务中全面超越统计机器翻译，成为机器翻译的主导范式，机器翻译领域的研究也开始了爆发式增长。时至今日，这些研究依然处于这一波急速成长阶段之中。

从另一个角度来说，神经机器翻译是在统计机器翻译基础上发展起来的。神经机器翻译本质上是一种基于统计建模的方法，其核心问题仍旧是围绕建模、参数训练、推断 3 个方面。因此，无论是统计机器翻译时期的语料资源还是方法的积累，包括自动评价标准，都可以在神经机器翻译研究中复用。

在了解神经机器翻译方法的发展脉络时，可以看到两条线：一条是因循神经网络或者说深度学习方法的知识逻辑；另一条是沿着机器翻译方法的承袭与发展逻辑。无论沿着哪条线，描述神经机器翻译的具体发展历程都会涉及非常多的技术细节，增加阅读难度。因此，本章在这一部分以建模和模型结构的变化为主线，围绕部分具有明显阶段性特征的代表工作介绍神经机器翻译方法的发展走向。

6.1.2.1 循环神经网络与编码器—解码器

从机器学习的角度，机器翻译是从一种语言的符号序列转换为另一种语言的符号序列，神经机器翻译就是用神经网络对输入的源语言的文字序列进行建模，将离散的语言符号转化为实数向量，再将其转化为目标语的文字序列。一个序列可以看作一个时序上的一系列变量，变量之间存在相关性，一个典型例子就是自然语言中的上下文关系。循环神经网络（Recurrent Neural Network，RNN）是一类专门对序列进行建模的神经网络。给定一个输入序列 $X_1,\cdots,X_T$，RNN 可以按顺序输出一个序列 $h_1,\cdots,h_T$，且 $h_t=f(h_{t-1},X_t;\theta)$，即每个时刻的系统状态都与上一个时刻的输出有关。

笔者研究发现，一系列围绕 RNN 的改进方法被应用到了基于 RNN 的机器翻译模型之中，如双向循环神经网络（Bidirectional Recurrent Neural Network，BRNN），使得某一时刻的输出既可以依赖过去时刻也可以依赖未来时刻的信息。另一类重要的改进是长短时记忆（Long Short–Term Memory，LSTM）和门控循环单元（Gated Recurrent Unit，GRU）。Sutskever 在其神经机器翻译研究中引入 LSTM，而 Cho 则是在其研究中使用了 GRU，两者都可以使简单的循环结构更容易学习长距离依赖，进而提升基于 RNN 的机器翻译模型的表现。在这之后又出现了一系列改进门控 RNN（Gated RNN）的研究。

这个时期的神经机器翻译模型结构也可以看作对神经语言模型结构的扩展，即由一个可变长度序列映射到另一个可变长度序列，且输入与输出的长度可能不相同。一个简单有效的方法就是用一个 RNN 处理输入序列并生成上下文（Context），用另一个 RNN 以表示上下文的向量为条件生成输出序列。这样的结构由 Cho 和 Sutskever 分别提出，Cho 将这种结构定名为编码器—解码器架构（Encoder-decoder Architecture），而 Sutskever 则将自己提出的这一范式称为序列到序列的学习（Sequence-to-sequence Learning）。这两项研究对后来的神经机器翻译模型设计影响深远。当前，编码器—解码器仍然是机器翻译乃至其他序列到序列任务的主要模型架构。

6.1.2.2　注意力机制

编码器—解码器架构也有不足之处，即编码器输出的上下文向量（Context Vector）承载的信息量有限，在实践中人们发现简单的 Encoder-decoder 结构在短句子翻译上尚可，但无法准确翻译长句子。同样在 2014 年，Bahdanau 在其研究中应用到了一种 Encoder 与 Decoder 间的对齐（Alignment）方法，即深度学习领域的注意力机制（Attention Mechanism）。在解码时，解码器在每一步利用到的输入信息中每个元素的权重都不同，帮助模型更好地利用源语言信息，并在实验中提升了机器翻译模型的表现。

6.1.2.3　卷积神经网络与注意力机制

尽管一般情况下循环神经网络更适合序列建模，而卷积神经网络（Convolutional Neural Network，CNN）更适合处理网格化的数据，如图像等。但实际上在一维的时间序列上也是可以使用卷积方法来实现序列建模的。在神经机器翻译的浪潮中最先完全使用神经网络构建翻译模型的研究就是基于 CNN 的。2017 年 Gehring 融合了卷积神经网络和注意力机制，提出了一个基于 CNN 的机器翻译模型。由于 CNN 机器翻译模型可以平行地处理各个序列元素，其运算效率优于 RNN 机器翻译模型，也取得了比较好的表现。但同年随着 Transformer 的提出，很少再见到 CNN 用于机器翻译领域了。

6.1.2.4　自注意力机制与 Transformer 模型

2017 年一篇名为"Attention is All You Need"的研究改变了神经机器翻译方法的格局，该研究所提出的基于自注意力机制的机器翻译模型 Transformer 时至今日依然在机器翻译领域被广泛地用作基线模型。基于 Transformer 模型的编码器一端开发的自监督预训练模型 BERT 及其变体，以及基于 Transformer 解码器端的生成模型 GPT-2 不止广泛应用于自然语言处理学科的各个领域，如今也出现在计算机视觉等相关学科，也为多任务多模态研究提供了模型架构基础。

前文中提到的注意力机制是解码器的一部分，帮助解码器充分利用输入信息。在序列建模过程中，无论是 RNN 还是 CNN 序列元素之间的依赖关系都会受到距离远近的影响，进而影响模型表现。自注意力网络（Self-Attention Network，SAN）直接对序列元素之间的关系建模，用一个单词与句子中其他词之间的关系来表示这个单词的语义信息，描述任意距离之间的依赖关系，这样的特性也被形容其为一种"天涯若比邻"的关系。自注意力机制既可以用于编码器端，也可以用于解码器端。

Transformer 模型是一个 Encoder-decoder 的网络结构，其中除了包括 SAN 之外还涉及诸如位置编码、残差连接、层标准化等网络结构及在训练过程中的一些操作技巧。这部分内容在后文神经机器翻译技术中进行介绍。

6.2 神经机器翻译关键技术

6.1 节回顾了机器翻译方法，依照时间主线重点介绍了统计机器翻译及神经机器翻译方法比较有代表性的几类模型。本部分介绍机器翻译关键技术，即神经机器翻译技术。

6.2.1 Transformer 模型

前文简要介绍了自注意力机制与 Transformer 产生的背景及其在神经机器翻译领域广泛应用的现状。Transformer 根据任务的不同，在不同研究中也存在诸多变体。本部分将基于最初提出 Transformer 的论文 *Attention is All You Need* 来介绍 Transformer 最基本的模型结构及其训练与推断过程中应用到的工程技术要点。

6.2.1.1 模型结构

（1）层结构

图 6-1 为 Transformer 模型结构。Transformer 模型也是编码器—解码器的结构。给定一个 token 组成的源语端序列（$x_1,\cdots,x_n$），编码器将该序列映射为一个连续表示 $z=$（$z_1,\cdots,z_n$）解码器再基于 z 逐个 token 地生成一个输出序列（$y_1,\cdots,y_m$），即自回归解码器。

编码器和解码器结构上基本一致，都是由自注意力层和 point-wise 全连接层堆叠起来的。编码器包含 6 个完全一致的层，每一层包含两个子层（Sub-Layer），即一个多头自注意力层（Multi-Head Self-Attention Sub-Layer）和一个全连接前馈神经网络层（Fully Connected Feed-Forward Network Sub-Layer），分别对应图中的 "Multi-Head Attention" 和 "Feed Forward"。每个子层进行层正则化（Layer Normalization）之后还增加了一个残差连接（Residual

Connection），即图中的 "Add & Norm"。为了方便残差计算模型中嵌入层和所有子层的维度是相同的 d_{model}=512。

　　解码器也包含 6 个相同的层，相较于编码器，除了两个子层之外还增加了第 3 个子层，即图中的 "Masked Multi-Head Attention"，用来 "注意" 编码器的输出，其后也有层正则化和残差连接的部分。并且对还未生成输出序列的位置增加了掩码（Mask），保证 y_i 的预测只能依赖此前的输出，即 $y <_{\rm I}$。

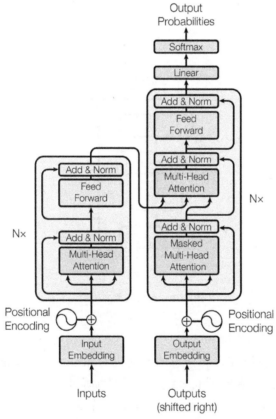

图 6-1　Transformer 模型结构

（2）点乘注意力

Transformer 应用了一种点乘注意力机制（Scaled Dot-Product Attention），对输入序列进行建模，如图 6-2 所示。序列中每一个位置的输入包含 query、key 及 value，前两者维度为 d_k，后者维度为 d_v，通过计算当前位置的 query

与其他所有位置上 key 的点乘，再除以 $\sqrt{d_k}$ 进行比例缩放，随后应用 Softmax 即可以得到应赋给每个 value 的权重。实际计算中会将一组 query 组成为矩阵 Q，所有 key 和 value 组成为矩阵 Q、V，输出的计算如式（6-4）所示。处理过程中会对编码器端的输入进行补齐或者在解码器端遮盖掉当前位置右侧的信息。

$$\text{Attention}(Q, K, V) = \text{Softmax}\left(\frac{QK^T}{\sqrt{d_k}}\right)V。 \tag{6-4}$$

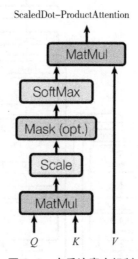

图 6-2　点乘注意力机制

（3）多头注意力机制

多头注意力机制在计算注意力之前先对 queries，keys 和 values 做线性映射。这样的线性映射会进行 h 组，在模型训练过程中会学习到 h 种不同的映射关系，即 h 个平行的注意力层或者说 h 个头。之后再对每一组映射结果进行缩放点乘注意力计算，得到 h 组维度为 d_v 的输出值，将这些值拼接（Concatenate）起来再做一次线性变换，即可得到 1 个维度为 d_v 的最终输出结果，如图 6-3 所示。这样，模型可以在不同的表示子空间里学习不同位置的信息的权重。单个头的注意力计算如式（6-5）所示。

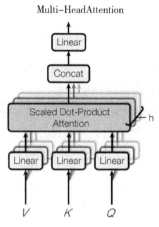

图 6-3　多头注意力机制

$$\text{MuItiHead}(Q, K, V) = \text{Concat}(\text{head}_1, \cdots, \text{head}_h)W^O$$
$$\text{head}_i = \text{Attention}(QW_i^Q, KW_i^K, VW_i^K)$$

（6-5）

其中，映射关系为一组参数矩阵，$W_i^Q \in R^{dmodel \times d_k}$，$W_i^K \in R^{dmodel \times d_k}$，$W_i^V \in R^{dmodel \times d_V}$，$W^O \in R^{hdv \times d_{model}}$。

多头注意力机制在 Transformer 中有 3 种应用。A：在编码器—解码器注意力层（Encoder–Decoder Attention Layers）的计算中，queries 来自前面的解码层，而 keys 和 values 则是来自编码器的输出，存储在内存中，以模仿序列到序列模型中的编码器—解码器注意力机制。B：在编码器中的自注意力层计算中，queries、keys 和 values 都来自前一层的输出，当前层每个位置上的计算都可以"注意"到前一层的所有位置上的信息。C：在解码器的自注意力层计算中，每个位置上的计算只能"注意"到当前位置及当前位置之前所有位置上的信息，这样做是为了保证自回归的特性，也就是说在解码器中信息不能从右向左流动。这种操作是在缩放点乘注意力模块的内部进行的，在计算 Softmax 之前，不应该被"注意"的位置上的信息会被遮盖掉（Mask Out），如图 6-2 中所示的 Mask（opt.）掩码矩阵。

（4）位置编码

不同于 RNN，Transformer 模型的输入不是时序的，为了增加词之间的顺序关系，Transformer 引入了位置编码：

$$PE_{(pos, 2i)} = \sin(pos/10000^{2i/d_{model}}), \quad (6-6)$$

$$PE_{(pos, 2i+1)} = \cos(pos/10000^{2i/d_{model}})。 \quad (6-7)$$

词嵌入向量与位置向量相加，作为模型输入。

（5）包含位置信息的前馈神经网络

除了注意力子层，Transformer 的编码器和解码器还包含全连接前馈神经网络，并通过该网络对每一个位置上的信息进行变换。具体为线性 +ReLU 激活函数 + 线性的变换形式：

$$FFN(x)=\max(0, xW_1+b_1)W_2+b_2。 \quad (6-8)$$

同层不同位置上的线性变换完全一致，但是不同层之间的参数矩阵是不同的。这样的变换相当于两次核大小为 1 的卷积。该全连接网络的输入输出都是 d_{model}=512，层内的维度为 d_{ff}=2048。

6.2.1.2 模型训练

（1）优化器及学习率

Transformer 模型同样采用了 Adam 优化器，参数为 β_1=0.9, β_2=0.98, ϵ=10^{-9}。在模型训练过程中，学习率会做如下变化：

$$lrate = d_{model}^{-0.5} \cdot \min(step\_num^{-0.5}, step\_num \cdot warmup\_steps^{-1.5})。 \quad (6-9)$$

在最初的 warmup_steps 学习率是线性增加的，达到最大值后再随着训练步数的增加成比例逐渐减小。warmup_steps 的默认值为 4000。实际应用中会根据模型及训练步数整体情况进行调整。

（2）正则化

Transformer 采用以下 2 种正则化方式。

Residual Dropout：每一个子层的输出先经过 dropout，而后再与子层的输入相加和归一化。在编码器和解码器端处理词嵌入与位置编码加和时也应用了 dropout。通常 dropout 的比率设定为 P_{drop}=0.1。实际应用中根据数据情况和模型大小不同这个比率会略做调整。

Label Smoothing：训练过程中标签平滑的值为 ϵ_{ls}=0.1，这样的设置会增加模型学习的不确定性，虽然会影响 perplexity，但最终反而能获得更高的准确率及 BLEU 分数。

（3）实验设定及实验结果

本研究在 WMT'14 英德和 WMT'14 英法两个数据集上训练了 Transformer-base 和 Transformer-big 2 种不同大小的模型。其中，Transformer-base 的超参数为 N=6, d_{model}=512, d_{ff}=2048, h=8, d_k=64, d_v=64, P_{drop}=0.1, $\in_{ls}$=0.1, $train_{steps}$=100k。而 Transformer-big 的超参数设定为 N=6, d_{model}=1024, d_{ff}=4096, h=16, d_k=64, d_v=64, P_{drop}=0.3, $\in_{ls}$=0.1, $train_{steps}$=300k。

在英德数据上不同超参数的对比试验中，单头的注意力机制相较于 head=8 的设定可以差出 0.9 个 BLEU 分数，但是这个数值进一步增加到 32 也会降低模型表现。attention key 减少对模型翻译质量影响较大。

对于大规模的训练数据，模型规模更大总体有助于提升模型表现。而后的其他研究中也验证了这一特性，并且随着硬件计算力的进步，越来越多的研究选择使用更深更宽的 Transformer 模型来应对更大的数据集和更为复杂的任务。

6.2.2　神经机器翻译前沿

机器翻译相关研究发展至今，有些研究的角度贯穿始终，而有些优化思路则是伴随着深度学习技术的发展被引入机器翻译领域。机器翻译相关研究多样细致且更新迭代极快。本部分将选择部分比较有代表性的研究问题进行介绍，对这一领域研究问题的基本脉络略做勾画。

6.2.2.1　翻译幻觉（Translation Hallucination）

神经机器翻译系统的翻译结果相较于统计机器翻译系统往往更为流畅，但训练数据不足、训练数据与测试数据差异较大或者训练数据本身存在噪声等情况都会加剧神经机器翻译系统错翻和漏翻。其中有一类特殊的现象被称为翻译幻觉，专指译文流畅但与原文相距甚远的问题。Wang 和 Sennrich 将翻译幻觉与暴露偏差（Exposure Bias）和领域转换（Domain Shift）相联系。

自回归模型在推测（Inference）过程中是逐个 token 进行预测，并且当前位置的预测要依赖于此前位置的 token 信息。然而训练过程中此前位置的 token 信息来源于真实译文，在推测过程中这部分信息来自模型生成的译文。真实译文的数据分布与模型学习到的分布中间存在偏差，基于两种分布进行预测的结果也就存在着偏差，且一旦某个位置的预测出现错误，这种错误会逐渐累积而影响整句翻译的准确性，这种偏差被叫作暴露偏差。许多研究都在减少暴露偏差方面做了各种尝试，一类比较典型的方法就是在 token 级别的目标函数之上增加序列级别的目标函数，如通过强化学习等方法在训练或者微调过程中增加句子整体翻译准确与否的监督信号。将暴露偏差问题与翻译幻觉联系起来，一方面有助于理解翻译幻觉产生的原因；另一方面也可以从实践角度预判什么序列级别的目标函数能有助于缓解这一现象。

领域转换是指训练数据与测试数据存在领域上的差异，这也是神经机器翻译研究长期面临的挑战之一。领域转换对翻译准确性具有较大影响，在通用领域（General Domain）上训练的翻译模型在法律、医学、计算机、字幕等特定领域的测试集上表现会有不同程度的下降；在某一个特定领域，如计算机领域文本上训练的翻译模型在其他领域表现不佳，并且同等条件下这种领域转换造成的翻译表现下滑在神经机器翻译系统上比统计机器翻译系统更为严重。领域转换也是造成翻译幻觉的主因之一。虽然现在机器翻译系统在一般领域已经有大量的平行语料作为训练数据，但是在特定的细分领域上相对的数据不足普遍存在。因此，用来解决这个问题的领域自适应（Domain Adaptation）研究也是机器翻译领域持续探索的课题之一。

有噪声的输入是翻译幻觉的另一个原因，这种源语言端的扰动（Source Perturbation）会影响解码器的稳定性，并且不同模式的噪声会导致不同模式的幻觉。现在机器翻译研究中广泛应用的数据增强方法，如回译（Back-translation）和知识蒸馏（Knowledge Distillation）等技术在充分利用单语数据的同时也会在训练数据中引入噪声。在现实中处理低资源的语种或者领域翻译问题时，为了增加训练数据需要抓取双语或多语言句子并进行对齐筛选构造平行语料，这个过程同样也会引入噪声。因此，扩展训练数据和降低噪声数据对翻译系统性能的影响也是用来应对该问题的一类研究方向。

6.2.2.2　低资源机器翻译

一般将存在大量平行语料的语对称为高资源语言（High-resource 或 Rich-resource），将缺乏平行语料的语对称为低资源语言（Low-resource）。而实际上平行语料的缺乏不止存在于某些语种间，同时也存在于特定领域的文本中。一般而言，语种的高资源低资源划分相对比较稳定。例如，WMT'22 的一般领域（新闻）翻译任务中，英德、英中、英俄是高资源翻译任务；法德、英日属于中等资源任务；而部分语种，如萨哈语/雅库特语—俄语、乌克兰语—捷克语属于低资源任务。但实践中低资源有时是指相对缺乏平行语料的情况，如特定的学科领域或特定的文本类型等。

涉及低资源问题的研究方法众多，包括构造伪平行语料（Synthetic Parallel Data）增加训练数据、借助高资源语种训练多语言翻译模型、借助单语语料训练语言模型等。

多语言翻译既是一种机器翻译的目标，同时也是处理低资源语种翻译问题的一个途径。多语言翻译模型处理和解决低资源语种翻译问题的总体思路是借助高资源语种弥补低资源语种训练数据不足的问题。一方面同语系的语种间有许多子词（Sub-token）是相同的，以这些相同的符号作为锚点，翻译模型学到的分布之间天然存在关系；另一方面语义也可以将不同语种联系起来。多语言翻译模型最初主要是处理英语为中心（English-centric）的多语言翻译任务，如从英语到其他语言或从其他语言到英语的翻译，而后出现了非英语中心（Non-English-centric）的多对多翻译模型。为处理低资源语言翻译问题而进行的多语言翻译模型训练有很多范式，如直接训练一个包含低资源语言的多语言翻译模型，或使用高资源语种或者多语言数据进行预训练而后到某一个低资源语对上进行精调和适应的模式，也就是预训练 + 微调（Fine-tune）的模式。Facebook AI 现更名为 Meta AI，在 WMT'2021 一般领域翻译任务中提交的多语言翻译模型是同时应用了高资源和低资源进行训练的一个多语言翻译模型，并且在 WMT'21 的多个单独的语对的任务上都取得了超过其他双语翻译模型的分数。

数据增强方法通过构造平行语料扩大训练数据规模来缓解低资源问题，不过值得一提的是，数据增强方法也被广泛应用于高资源翻译任务中，并且已经被一系列研究证实可以进一步提升高资源翻译模型的表现。相较于平行语料，单语语料通常规模更大也更容易获取，特别是特殊领域或特殊文本形式的语料。因此，充分利用单语数据既可以解决低资源双语语料缺乏的问题，也可以进一步提升高资源翻译模型的领域泛化能力。同时，各种数据增强方法会在训练数据中引入噪声，平衡高质量语料与噪声数据也可以提升翻译模型的鲁棒性。机器翻译领域常用的数据增强方法包括回译方法、扰动方法、抽取方法等。首先，回译方法，假定要训练一个英语到僧伽罗语的翻译模型，有少量的平行语料和大量的僧伽罗语单语语料，可以利用平行语料先训练一个僧伽罗语到英语的反向翻译模型。其次，将大量的僧伽罗语单语语料翻译为英语译文，将英语译文和僧伽罗语单语语料组成伪平行语料，加入英语到僧伽罗语的训练数据中。之所以训练一个反向模型，从目标语言回译到源语端是因为通过训练翻译模型对源语端噪声的承受能力更强，并且由于目标端是真实准确的文本，能在一定程度上提升模型的鲁棒性。反之，由源语端翻译至目标端，模型又可能会学习到一些翻译错误而影响模型的表现。回译生成文本的数量可以采取保留 top-k，或保留更多译文的同时进行采样及迭代回译等。也可以利用其他模型生成有噪声的源语端文本，如训练一个源语端自编码器或者 paraphrase 模型等。扰动方法是通过在平行语料中加入噪声的方式扩展训练数据的，如在一个句子中将一部分 token 替换为掩码 <tmask>，随机更改一部分 token 次序（Swap）等。抽取方法通常是从可能存在平行语料的大量数据中抽取大量的原始数据，然后利用词对齐等方法筛选出相对高质量的平行语料，抽取方法通常与数据筛选密不可分，也是一类扩展训练数据规模的研究。

利用语言模型辅助翻译模型是另一类研究思路。例如，利用经过充分预训练的单语或者多语语言模型来初始化翻译模型的编码器或解码器的嵌入层，在训练过程中为翻译模型提供额外的监督信号，参与伪平行语料构造或者原始数据筛选，或者直接采用无监督学习在没有平行语料的情况下构建翻译模型等。

6.2.2.3　非自回归翻译

通常机器翻译模型在推断过程中都是从左到右逐个 token 进行预测，当前位置的预测依赖于此前位置的预测结果，这样的推断过程被称为自回归解码（Auto-regressive Decoding）。Transformer 模型虽然在编码端无须按时序输入，但是在解码端还是采用了自回归的方式，即 Auto-regressive Transformer（AT）。Gu 等在 Transformer 的基础上放弃了自回归解码方式，使得每一个位置上的预测只依赖于编码器的输出，不再依赖解码器此前位置上的预测，可以大幅缩减预测的等待时间。这样的模型也被称为非自回归（Non-autoregressive Transformer，NAT）。非自回归模型通过计算源语端句子的繁衍度（Fertility）来预测目标语句子的长度。同等情况下 NAT 的翻译表现略逊色于 AT，但通过知识蒸馏方法，让 AT 作为教师模型，NAT 作为学生模型，可以将 AT 的翻译知识传递给 NAT 模型。计算 AT 和 NAT 中间层的 KL 散度，或者用 AT 将训练数据中的源语句子翻译为目标语译文，将源语句子和目标语译文组成的平行语料训练 NAT 模型。通过知识蒸馏，NAT 模型可以达到接近 AT 的优秀表现，但拥有更快的翻译速度。

6.2.2.4　多模态机器翻译

多模态机器翻译是将文本机器翻译技术与其他模态信号处理进行结合的一类研究，如语音到文本、语音到语音翻译、图像或视频辅助的机器翻译。

随着深度学习技术的发展，神经语音识别模型将语音信号作为序列输入，通过端到端的模型训练，将语音序列转换为文本序列。相同的模型及训练方式可以直接应用于源语语音到目标语文本的翻译任务上。由于 Transformer 在语音识别领域的广泛应用，语音翻译与文本翻译之间技术上的互通有无变得更加容易。

图像辅助的多模态翻译，主要是利用图像信息减少文本翻译过程中的歧义问题。相较于单纯的文本信息，图像往往可以提供更多的位置、实体信息，为翻译过程提供更多上下文信息。起初的多模态翻译通常使用卷积神经网络对图像进行编码，除了图像基本特征外还会抽取命名实体等其他特征，并将这部分特征引入文本翻译模型当中，解码器同时参考源语端文本信息和图像特征生成译文。随着 Transformer 模型更多地被引入图像 / 视频描述生成任务中，这样的特征融合在模型结构上应该会更加趋向统一。

前面介绍到的多模态任务是以机器翻译为主体部分，而机器翻译研究融入多语言的语音识别、图像 / 视频描述、多模态搜索是不同类的研究课题。

6.3　基于多层领域信息的机器翻译融合方法

在跨语言情报分析的实际应用中，通用领域机器翻译在某一具体领域（简称"垂直领域"）内翻译质量往往普遍不高，满足不了用户高质量领域翻译的要求，使得垂直领域机器翻译引擎构建的应用需求不断上升，成为机器翻译产业应用中的一个增长点。垂直领域的科技文献通常拥有大量带有明显领域属性的专业术语，为机器翻译带来了困难和挑战。因此，实现面向垂直领域应用场景的高质量机器翻译是人工智能真正落地的一个重要达成途径。

无论是 20 世纪 90 年代以数据为驱动的统计机器翻译 SMT，还是 21 世纪随着深度学习技术兴起的神经机器翻译 NMT，都特别地依赖训练语料的规模、质量和领域属性，使用不同来源和领域的训练语料生成的翻译系统的翻译效果截然不同。在机器学习领域，每个模型都有一定的预测错误率，但用多个"弱"预测模型集成构建的"强"预测模型能够减少预测错误率，因此，通过融合多个模型来合成一个模型能够有效地提升系统的性能。同理，在机器翻译中不同的翻译模型可以利用相异的训练数据训练得到迥然的翻译系统，如何融合不同翻译系统的翻译结果，通过取长补短生成更高质量的面向垂直领域的优质译文进而实现系统融合具有很重要的现实意义。

现有的机器翻译系统融合方法分为两种：统计融合和神经融合。统计融合根据融合过程中目标语言句子的不同层次又可以分为 3 类：①句子级融合。通过数学模型从多个系统结果中选择最优结果。②短语级融合。通过重新解码生成新的翻译假设。③词汇级融合。通过词对齐对混淆网络进行解码得到最终译文。而神经融合方法根据融合端的不同又可以分为模型级融合和参数级融合两种机制。模型级融合收纳多个机器翻译系统的翻译结果，构建神经网络架构进行端到端建模。参数级融合在同一个 Encoder–Decoder 框架内部，结合多个解码器的预测概率来预测下一个时刻的翻译，无须收纳多个机器翻译系统的翻译结果，只在系统内部采用模型平均和模型集成的解码策略，在模型参数级别进行融合。

综上所述，无论是统计融合方法还是神经融合方法都没有更为精细地去考量待融合的每个翻译结果中词汇、短语或者句子的领域属性。以表 6-1 研究背景示例中的句子为例，源句子为英文，参考译文为中文，目标领域为医学领域。其中源句子中"tarsal tunnel syndrome"这个短语的正确翻译应该是"跗骨管综合征"，其中词汇"tunnel"的正确翻译为"管"。将源句子采用 3 个翻译系统进行翻译，得到了 3 个翻译结果。但是系统 1 将"tarsal tunnel syndrome"这个短语翻译成了"跗骨隧道综合症"，系统 2 将其翻译成了"焦油隧道综合征"，系统 3 将其翻译成了"跗管综合征"，运用传统的融合方法对以上 3 个翻译结果进行融合，就得到了错误的翻译结果"跗骨隧道综合征"。之所以出现这样的错误，是因为在传统的融合方法中，忽视了文本的领域信息。实际上，无论是在源语言文本中还是在各个系统的译文中，词汇、短语甚至整个句子都带有一定的领域信息。例如，在词汇层面，系统 1 和系统 2 的译文中，"隧道"这个词汇的工程领域属性强，而系统 3 的译文中，"管"这个词汇的医学领域属性强；在短语层面，源句子中"tarsal tunnel syndrome"和系统 3 的译文中"跗管综合征"两个短语的医学领域属性强，而系统 2 的译文中"焦油隧道综合征"这个短语的工程领域属性强；在句子层面，源句子是个医学领域的句子，而系统 2 的译文则更贴近于工程领域的句子。跟现有的融合方法不同，笔者团队的研究旨在利用源语言句子的医学领域属性指导模型，在系统融合过程中选择更偏向于目标领域，即医学领域属性强的词汇译文或者短语译文进行融合，这样"tunnel"的译文会选择"管"这个医学领域词汇而不是"隧道"这个工程领域词汇，从而得到更具有医学领域属性的译文。

表 6-1　研究背景示例

源句子	It is important to seek early treatment if any of the symptoms of tarsal tunnel syndrome occur
参考译文	如果 出现　　跗骨　管　综合征 的任何症状，寻求早期治疗 是很重要的
系统 1	如果 出现　　任何 跗骨 隧道 综合症 的症状，　尽早寻求治疗 是很重要的
系统 2	如果 出现　　焦油 隧道 综合征 的任何症状，寻求早期治疗 非常重要
系统 3	如果 出现　　跗管 综合征 的其他病状，寻求早期治疗 是很重要的
传统融合	如果 出现　　跗骨 隧道 综合征 的任何症状，寻求早期治疗 是很重要的

因此，笔者团队的研究开展基于多级领域信息的机器翻译系统融合研究，旨在对待翻译的句子，首先构建领域分类模型获取每个单系统的翻译结果中词汇、短语和句子 3 个级别的领域信息，其次研制基于 Transformer 的神经融合模型实现多系统译文融合，最后整合句子的多级领域信息到神经融合模型中实现最终的基于领域信息的机器翻译系统融合，既考量了源语言句子和多个参考译文的领域信息，又汇聚了词汇、短语和句子的多级别领域知识，得到更优质的具有领域一致性的融合译文，有效地减少了模型对目标领域数据的依赖，进而为科技文献提供更为优质的面向垂直领域应用场景的机器翻译结果。

6.3.1　流程架构

笔者团队研究的整体流程如图 6-4 所示，首先对垂直领域的源句子通过目标领域的多个机器翻译模型分别进行翻译得到多个初步翻译译文。其次将源句子和得到的多个初步翻译译文分别放入领域分类模型，得到多个初步翻译译文和源句子从句子、短语、词汇 3 个层级获取到的领域特征，使得其能够表征句子、句子中的短语和词的领域信息，继而将学习到的领域信息以领域向量的形式映射到多个初步翻译译文中。最后将融合领域向量的多个初步翻译译文通过系统融合模型进行二次解码融合，生成新的最终翻译结果。

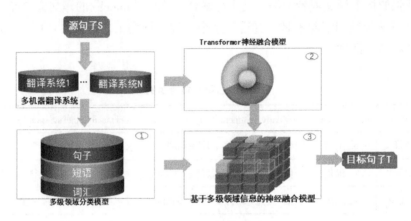

图 6-4　整体流程

6.3.2　模型构建

6.3.2.1　领域信息获取

　　为了获取源语言句子与多个初步译文的领域特征，笔者构建了一个基于 BERT 预训练模型的多层神经网络模型，将源语言句子与多个机器翻译初步译文从句子级、短语级、词汇级进行领域分类得到领域标签，进而得到领域信息。基于 BERT-Bi-GRU-Attention-FC 的多层神经网络模型，辅以笔者所属实验室自有的多领域双语关键词数据库，利用统计方法构建双语词汇领域模型和短语领域模型来扩充增强整个跨语言领域分类模型，在多层神经网络模型中，BERT 预训练模型负责将文本信息从字符串形式转化为分布式表示的词向量形式，Bi-GRU 网络负责从分布式表示中提取文本信息的语义特征，FC 全连接层负责从文本信息语义特征中提取领域类别特征，而 Attention 机制辅助提取有关领域的关键信息。通过领域分类模型得到领域标签信息，进而映射为各自维度的领域向量，最后拼接得到带有领域特征的句子向量。领域分类模型流程如图 6-5 所示。

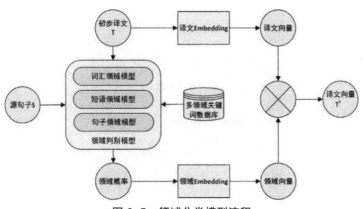

图 6-5　领域分类模型流程

基于 BERT-Bi-GRU-Attention-FC 的领域分类模型包括输入层、信息提取层、特征融合层和输出层 4 个信息处理层次，如图 6-6 所示。对输入的文本序列，首先通过输入层 BERT 预训练模型得到词向量矩阵，BERT 预训练模型能根据上下文语境实现词向量的动态调整，从而更好地将文本语义信息嵌入信息提取层的 Bi-GRU 模型训练中。Attention 注意力机制辅助提取关键信息，Attention 机制的计算公式如下：

$$e_t = \tanh(W_\omega h_t + b_\omega), \qquad (6-10)$$

$$\alpha_t = \frac{\exp(e_i)}{\sum_{t=1}^{i} e_t}, \qquad (6-11)$$

$$V = \sum_t \alpha_t \cdot h_t, \qquad (6-12)$$

其中，W_ω 与 b_ω 为注意力机制的可调节权重和偏置项，h_t 为 Bi-GRU 的输出，e_i 表示第 i 时刻隐层状态向量 h_i 所决定的注意力概率分布值，α_t 表示句子中每个词的重要度信息，V 即为经过注意力模型计算后的特征向量。经注意力机制得到的包含文本信息的特征向量，然后通过特征融合层，全连接神经网络进行特征整合归一化到输出层，最后利用 Softmax 函数对输出层进行相应的计算得到最终的领域类别标签。

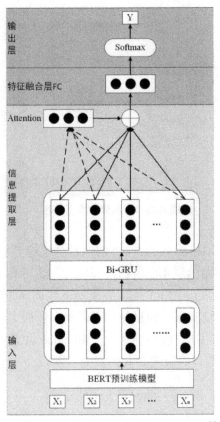

图 6-6　基于 BERT–Bi–GRU–Attention–FC 的模型

　　基于多级领域信息的神经融合模型将 BERT–Bi–GRU–Attention–FC 领域
分类器中获取到的领域信息嵌入 Transformer 神经融合模型中，仍为端到端
的 Transformer 系统融合模型结构。对于输入 Encoder 端和 Decoder 端的源语
言句子、目标语言句子、目标领域机器翻译译文，通过分词技术识别句子中
的词汇、通过关键词匹配技术识别句子的短语，然后将得到的词汇和短语连
句子一起输入事先训练好的领域分类器中，得到词级别、短语级别、句子
级别的领域向量，基于领域向量提取领域特征拼接到系统融合模型的 Token
Embeddings 和 Position Embeddings 中形成带有领域信息的句子嵌入表征，如
图 6-7 所示。再经过 Encoder 融合和 Decoder 融合两种不同的方式进行融合，
融合过程中运用门控注意力机制通过领域向量判断译文间词与词、短语与短
语、句子与句子之间的依赖关系，对同领域的句子增强句子短语词汇间的注

意力，对于不同领域的句子弱化句子短语词汇间的注意力，从而达到更好的
融合效果。在图 6-8 中，Embedding 为输入模型的句子带有领域特征的分布
式表征，Token Embedding 为句子的初始词向量，Position Embedding 为句子的
位置向量，Domain Embedding 为句子的多级领域向量。Embedding 之间为：
Embedding=Token Embedding+Position Embedding+Domain Embedding

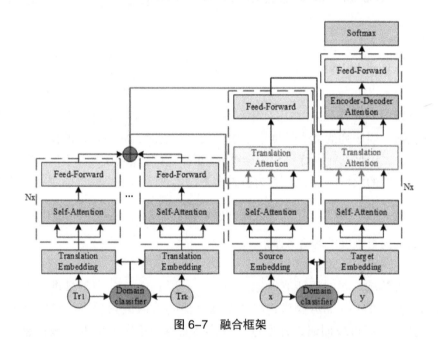

图 6-7　融合框架

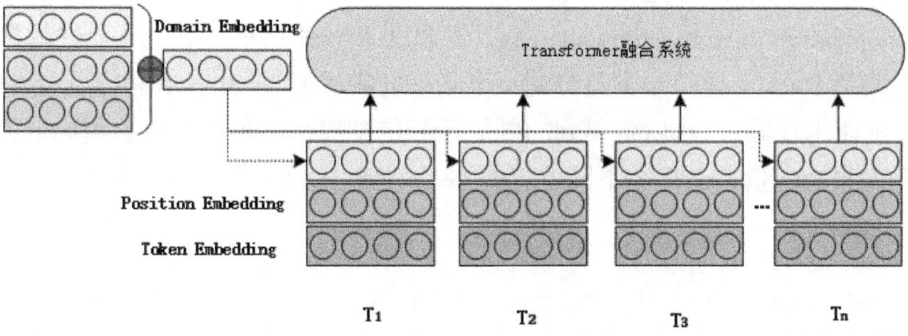

图 6-8　嵌入领域向量的 Transformer

对于输入融合模型中的源语言句子 S、目标语言句子 T、源语言句子的

多个机器翻译译文 R_i（$1 \leqslant i \leqslant N$），（其中 N 为翻译系统个数），以下统称"输入语句"，分别从词级、短语级、句子级通过多级领域分类模型获取领域标签构造领域向量。领域向量的计算方法为：

$$\text{Domain Embedding}_{(pos,\ 2i)} = \lambda \times \sin \left(\frac{pos}{10000^{\frac{2i}{d_{model}}}} \right), \qquad (6\text{-}13)$$

$$\text{Domain Embedding}_{(pos,\ 2i+1)} = \lambda \times \cos \left(\frac{pos}{10000^{\frac{2i}{d_{model}}}} \right). \qquad (6\text{-}14)$$

公式中 pos 为 token 在序列中的位置编号，取值为 0 到序列最大长度之间的整数，当序列的真实长度小于序列最大长度时，后面多余的位置编码没有意义，在模型迭代训练过程中会被 mask 掉。λ 为领域权重，不同的领域标签对应不同的领域权重。d_{model} 为位置向量的维度，与整个模型隐层状态的维度值相同，i 是从 0 到 $\frac{d_{model}}{2} - 1$ 之间的整数值，$2i$ 是词向量维度中的偶数维，$2i+1$ 是词向量维度中的奇数维。

（1）词级领域向量

词级领域向量对于所有的输入语句，运用 Urheen 分词工具进行中文的分词和英文的 Tokenize 操作，将整个输入语句按照词频词序等规则划分为细粒度的单字符或词语，并通过领域分类器得到逐字逐词的领域信息，如图 6-9 所示例子，首先将句子 "discuss the diagnosis and treatment of the solid pseudopapillary tumor of the pancreas" 经过 Tokenize 后的 token 逐个进行领域分类，每个 token 均由分类器分配一个唯一的领域标签（M 表示医药卫生领域，N 表示通用领域），然后将得到的领域标签信息通过三角函数位置编码的方式映射为领域向量，为每个不同位置的 token 单独生成一个领域向量。

```
Token: discuss the diagnosis and treatment of the solid pseudopapillary tumor of the pancreas
Label:    N    N      M      N      M     N  N    M              M       N   N     M
Domain Embedding  [0.12,0.01,0.56,0.07,0.65,0.1,0.14,0.37,1.00,1.20,0.12,0.22,1.00]
```

图 6-9　词级领域示例

（2）短语级领域向量

对于所有的输入语句，首先通过多领域关键词数据库识别匹配其中的专业术语，然后将识别到的术语通过领域分类器得到领域标签，进而映射为领域向量，计算方法同词汇级领域向量一样，为每个不同位置的短语术语单独生成一个领域向量，如图 6-10 所示例子。

```
Token:   discuss the diagnosis and treatment of the solid pseudopapillary tumor of the pancreas
Label:                    M                                  M
Domain Embedding   [0.12, 0.01, 1.00, 1.00, 1.00, 0.1, 1.00, 1.00, 1.00, 1.00, 1.00, 1.00, 1.00]
```

图 6-10　短语级领域示例

（3）句子级领域向量

对于所有的输入语句，通过领域分类器得到句子级领域标签，进而映射为句子领域向量，计算方法同词汇级领域向量一样，为每个句子单独生成一个领域向量，如图 6-11 所示例子。

```
Token:   discuss the diagnosis and treatment of the solid pseudopapillary tumor of the pancreas
Label:                    M
Domain Embedding   [1.00, 1.00, 1.00, 1.00, 1.00, 1.00, 1.00, 1.00, 1.00, 1.00, 1.00, 1.00, 1.00]
```

图 6-11　句子级领域示例

最后将词汇、短语、句子 3 个级别的领域向量整合相加，得到多级领域向量。

$$
\begin{aligned}
\text{Domain Embedding} = &\ \text{Domain Embedding}_{sentences} + \\
&\ \text{Domain Embedding}_{phrases} + \\
&\ \text{Domain Embedding}_{words}
\end{aligned} \tag{6-15}
$$

6.3.2.2　领域信息整合

得到输入语句的词、短语和句子的领域向量后，将其整合到 Transformer 神经融合模型中，整合流程如图 6-12 所示。X 表示输入的源语言句子，R 为多个初步译文，N 为多编码器的个数，c_i^i 表示经第 i 个编码器编码带有领域信息的句子分布式表征。编码器首先将源端输入的 X 编码成隐藏层向量，其次通过注意力机制将带有领域信息的隐藏层状态 c_i，经过 Encoder 融合和

Decoder 融合步骤，由目标端隐藏层 s_t 把控源端带有领域特征的各上下文向量对目标端的贡献权重，最后解码器根据目标端的注意力隐藏信息和领域信息预测词汇 y。

$$c_t = \sum_{i=1}^{N} a_{ti} c_t^i, \qquad (6-16)$$

$$a_{ti} = \frac{\exp(e_{ti})}{\sum_{j=1}^{N} \exp(e_{ti})}, \qquad (6-17)$$

$$e_{ti} = s_t^T W_a c_t^i, \qquad (6-18)$$

其中，$W_a \in R^{q \times p}$ 为权重向量，q 是目标端状态隐藏层维度。

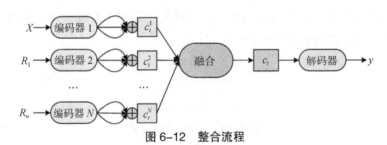

图 6-12　整合流程

表 6-2 是一个本文领域信息融合的示例，词汇"拟南芥"在单系统 Fairseq 中没有被完整翻译，在单系统 Thumt 中翻译错误，由于没有考虑到词汇的领域信息，在神经融合系统中也没有被完整翻译，在加入领域信息后得到了正确的翻译；短语"遗传模式生物"在单系统 Fairseq 中翻译缺失，在单系统 Thumt 中翻译错误，在神经融合系统中被完整翻译，在加入领域信息后不但得到了正确的翻译，而且整个句子流畅通顺，符合语法逻辑，更加接近参考译文。

表 6-2　领域信息融合示例

Src	最后，一种小杂草，拟南芥（A.thaliana）是被研究得最为广泛的遗传模式生物
Ref	Finally, a small weed, Arabidopsis thaliana, is the most widely studied plant genetic model organism

续表

Fairseq	Finally, A . thaliana was the most widely genetic model
Thumt	Alternaria, A . mustata, is one of the most extensive genetic model ological
神经融合	Finally, a badechia was studied, and A . thaliana was the most widely genetic model organism
领域融合	Finally, a small heterophyllus, Arabidopsis thaliana, is the most widely studied genetic model organism

6.4　本章小结

本章概括了机器翻译方法，重点介绍了统计机器翻译方法和神经机器翻译方法。而后对神经机器翻译的关键技术加以拆解，选取并讨论了几个神经机器翻译领域的前沿研究问题，以点代面的方式展示机器翻译领域生气蓬勃的发展现状。最后介绍笔者团队的多语言科技信息服务系统中的机器翻译技术，即基于多级领域信息的神经融合模型。该模型利用基于 BERT-Bi-GRU-Attention-FC 的多级领域分类模型获取句子的句子层级、短语层级、词汇层级的领域特征和领域内外的初步翻译结果，将带有领域特征的初步翻译结果进行 Transformer 神经融合。该方法从领域属性的角度融合多个系统的翻译结果，生成更贴近目标领域的高质量译文，增强了特定领域翻译系统的动态适应能力和翻译性能。

机器翻译既是一个研究课题，又可以为其他相关研究提供多语言的问题解决思路；既是一个具体的任务，同时也是深度学习领域新技术的试验场。

参考文献

[1]　肖桐，朱靖波 . 机器翻译：基础与模型 [M]. 北京：电子工业出版社，2021.

[2]　BROWN P F, COCKE J, DELLA PIETRA S A, et al. A statistical approach to machine translation [J]. Computational linguistics, 1990, 16（2）: 79-85.

[3]　CASACUBERTA F, VIDAL E. GIZA++: training of statistical translation models [J]. Retrieved october, 2007, 29: 2019.

[4] KOEHN, PHILIPP, FRANZ J, et al. Statistical phrase-based translation[C]//Proceedings of HLTNAACL. 2003:127-133.

[5] OCH, FRANZ J. Minimum error rate training for statistical machine translation[C]//Proceedings of the 41st annual meeting of the association for computational linguistics. Japan: Sapporo, 2003.

[6] WU D. Stochastic inversion transduction grammars and bilingual parsing of parallel corpora [J]. Computational linguistics, 1997, 23（3）: 377-403.

[7] XIONG D, LIU Q, LIN S. Maximum entropy based phrase reordering model for statistical machine translation[C]//Proceedings of the 21st International Conference on Computational Linguistics and 44th Annual Meeting of the Association for Computational Linguistics. 2006: 521-528.

[8] CHIANG D. A hierarchical phrase-based model for statistical machine translation[C]//Proceedings of the 43rd Annual Meeting of the Association for Computational Linguistics （acl' 05）. 2005: 263-270.

[9] YAMADA K, KNIGHT K. A syntax-based statistical translation model[C]//Proceedings of the 39th Annual Meeting of the Association for Computational Linguistics. 2001: 523-530.

[10] GALLEY M, HOPKINS M, KNIGHT K, et al. What' s in a translation rule？ [C]//Proceedings of HLT-NAACL. 2004: 273-280.

[11] GALLEY M, GRAEHL J, KNIGHT K, et al. Scalable inference and training of context-rich syntactic translation models[C]//Proceedings of the 21st International Conference on Computational Linguistics and 44th Annual Meeting of the Association for Computational Linguistics. 2006: 961-968.

[12] MARCU D, WANG W, ECHIHABI A, et al. SPMT: Statistical machine translation with syntactified target language phrases[C]//Proceedings of the 2006 Conference on Empirical Methods in Natural Language Processing. 2006: 44-52.

[13] LIU Y, LIU Q, LIN S. Tree-to-string alignment template for statistical machine translation[C]//Proceedings of the 21st International Conference on Computational Linguistics and 44th Annual Meeting of the Association for Computational Linguistics. 2006: 609-616.

[14] ZOLLMANN A, VENUGOPAL A. Syntax augmented machine translation

via chart parsing[C]//Proceedings on the Workshop on Statistical Machine Translation. 2006: 138-141.

[15] LANE I, ZOLLMANN A, NGUYEN T, et al. The CMU-UKA statistical machine translation systems for IWSLT 2007[C]//Proceedings of the Fourth International Workshop on Spoken Language Translation. 2007.

[16] SHIEBER S M, SCHABES Y. Synchronous tree-adjoining grammars[C]// Proceedings of the 13th COLING. University of Helsinki, Helsinki, Finland: 1990.

[17] EISNER J. Learning non-isomorphic tree mappings for machine translation[C]//The Companion Volume to the Proceedings of 41st Annual Meeting of the Association for Computational Linguistics. 2003: 205-208.

[18] MENEZES A, RICHARDSON S D. A best-first alignment algorithm for automatic extraction of transfer mappings from bilingual corpora[C]//Proceedings of the Workshop on Data-driven Machine Translation. 2001: 39.

[19] GILDEA D. Loosely tree-based alignment for machine translation[C]// Proceedings of the 41st annual meeting of the association for computational linguistics. 2003: 80-87.

[20] MELAMED I D, SATTA G, WELLINGTON B. Generalized multitext grammars[C]//Proceedings of the 42nd Annual Meeting of the Association for Computational Linguistics (ACL-04). 2004: 661-668.

[21] MELAMED I D. Multitext grammars and synchronous parsers[C]// Proceedings of the 2003 human language technology conference of the north american chapter of the association for computational linguistics. 2003: 158-165.

[22] HAJIC J, CMEJREK M, DORR B, et al. Natural language generation in the context of machine translation[C]//Summer workshop final report, Johns Hopkins University. 2002.

[23] FOX H. Phrasal cohesion and statistical machine translation[C]// Proceedings of the 2002 Conference on Empirical Methods in Natural Language Processing (EMNLP 2002). 2002: 304-3111.

[24] LIN D. A path-based transfer model for machine translation[C]// COLING 2004: Proceedings of the 20th International Conference on Computational Linguistics. 2004: 625-630.

[25] DING Y, PALMER M. Machine translation using probabilistic synchronous dependency insertion grammars[C]//Proceedings of the 43rd Annual Meeting of the Association for Computational Linguistics（ACL'05）. 2005: 541-548.

[26] QUIRK C, MENEZES A, CHERRY C. Dependency treelet translation: Syntactically informed phrasal SMT[C]//Proceedings of the 43rd Annual Meeting of the Association for Computational Linguistics（ACL'05）. 2005: 271-279.

[27] WAIBEL A, JAIN A N, MCNAIR A E, et al. JANUS: a speech-to-speech translation system using connectionist and symbolic processing strategies[C]// Acoustics, Speech, and Signal Processing, IEEE International Conference on. IEEE Computer Society, 1991: 793-796.

[28] NECO R P, FORCADA M L. Asynchronous translations with recurrent neural nets[C]//Proceedings of International Conference on Neural Networks （ICNN'97）: IEEE, 1997: 2535-2540.

[29] CASTAÑO M A, CASACUBERTA F. A connectionist approach to machine translation[C]//EUROSPEECH. 1997.

[30] KOEHN P. Neural machine translation[J]. arXiv preprint arXiv: 1709.07809, 2017.

[31] DEVLIN J, ZBIB R, HUANG Z, et al. Fast and robust neural network joint models for statistical machine translation[C]//Proceedings of the 52nd Annual Meeting of the Association for Computational Linguistics （Volume 1: Long Papers）. 2014: 1370-1380.

[32] CHO K, VAN MERRIËNBOER B, BAHDANAU D, et al. On the properties of neural machine translation: Encoder-decoder approaches[J]. arXiv preprint arXiv: 1409.1259, 2014.

[33] SUTSKEVER I, VINYALS O, LE Q V. Sequence to sequence learning with neural networks[J]. Advances in neural information processing systems, 2014, （4）: 3104-3112.

[34] KALCHBRENNER N, BLUNSOM P. Recurrent continuous translation models[C]//Proceedings of the 2013 Conference on Empirical Methods in Natural Language Processing. 2013: 1700-1709.

[35] NEUBIG G. Neural machine translation and sequence-to-sequence models: a tutorial[J]. arXiv preprint arXiv: 1703.01619, 2017.

[36] BAHDANAU D, CHO K, BENGIO Y. Neural machine translation by jointly learning to align and translate[J]. arXiv preprint arXiv: 1409.0473, 2014.

[37] GEHRING J, AULI M, GRANGIER D, et al. Convolutional sequence to sequence learning[C]//International Conference on Machine Learning. PMLR, 2017: 1243-1252.

[38] VASWANI A, SHAZEER N, PARMAR N, et al. Attention is all you need [J/OL]. arXiv.org, 2017, cs.CL. http://arxiv.org/abs/1706.03762v5.

[39] LEE K, FIRAT O, AGARWAL A, et al. Hallucinations in Neural Machine Translation [J/OL]. (2018-09-28) [2022-10-06]. https://openreview.net/forum？id=SkxJ-309FQ.

[40] WANG C, SENNRICH R. On exposure bias, hallucination and domain shift in neural machine translation[C/OL]//Proceedings of the 58th Annual Meeting of the Association for Computational Linguistics. Online: Association for Computational Linguistics, 2020: 3544-3552. [2022-10-06]. https://aclanthology.org/2020.acl-main.326.

[41] RANZATO M, CHOPRA S, AULI M, et al. Sequence level training with recurrent neural networks[M/OL]. arXiv, 2016. [2022-07-11]. http://arxiv.org/abs/1511.06732.

[42] KOEHN P. Neural machine translation[J]. arXiv preprint arXiv: 1709.07809, 2017.

[43] KOEHN P, KNOWLES R. Six challenges for neural machine translation[J]. arXiv preprint arXiv: 1706.03872, 2017.

[44] RAUNAK V, MENEZES A, JUNCZYS D M. The curious case of hallucinations in neural machine translation[C/OL]//Proceedings of the 2021 Conference of the North American Chapter of the Association for Computational Linguistics: Human Language Technologies. Online: Association for Computational Linguistics, 2021: 1172-1183. [2022-10-06]. https://aclanthology.org/2021.naacl-main.92.

[45] FAN A, BHOSALE S, SCHWENK H, et al. Beyond english-centric

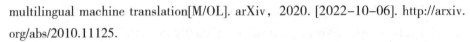
多语言科技信息智能处理与服务

multilingual machine translation[M/OL]. arXiv，2020. [2022–10–06]. http://arxiv. org/abs/2010.11125.

[46] TRAN C，BHOSALE S，CROSS J，et al. Facebook AI WMT21 news translation task submission [M/OL]. arXiv，2021. [2022–07–29]. http://arxiv.org/ abs/2108.03265.

[47] PHAM H，WANG X，YANG Y，et al. Meta Back–translation [J/OL]. arXiv：2102.07847 [cs]，2021. [2021–09–01]. http://arxiv.org/abs/2102.07847.

[48] EDUNOV S，OTT M，AULI M，et al. Understanding back–translation at scale [J/OL]. arXiv.org，2018，cs.CL. http://arxiv.org/abs/1808.09381v2.

[49] GU J，BRADBURY J，XIONG C，et al. Non–autoregressive neural machine translation[C]//ICLR. 2018：13.

[50] REDERKING R，NIRENBURG S. Three heads are better than one[C]. Proceedings of the Fourth Conference on Applied Natural Language Processing. Lisbon：Association for Computational Linguistics，1994：95–100.

[51] 谭敏，殷明明，段湘煜. 神经机器翻译的系统融合方法 [J]. 厦门大学学报，2019，58（4）：600–606.

[52] 李茂西，宗成庆. 机器翻译系统融合技术综述 [J]. 中文信息学报，2010，24（4）：74–78.

[53] BANGALORE B，BORDEL G. Computing consensus translation from multiple machine translation systems[C]//IEEE Workshop On Automatic Speech Recognition and Understanding. Lisbon：Association for Computational Linguistics，2001：351–354.

[54] KUMAR S，BYRNE W. Minimum bayes–risk decoding for statistical machine translation[C]//Proceedings of the 2004 Human Language Technology Conference of the North American Chapter of the Association for Computational Linguistics. Lisbon：Association for Computational Linguistics，2004：169–172.

[55] MA W Y，MCKEOWN K. System combination for machine translation through paraphrasing[C]//Proceedings of the 2015 Conference on Empirical Methods in Natural Language Processing. Lisbon：Association for Computational Linguistics，2015：1053–1058.

[56] FREITAG M，HUCK M，NEY H. Jane：open source machine

translation system combination[C]//Proceedings of the Demonstrations at the 14th Conference of the European Chapter of the Association for Computational Linguistics. Lisbon: Association for Computational Linguistics, 2014: 29-32.

[57] ZOPH B, KNIGHT K. Multi-source neural translation[C]//The 2016 Conference of the North American Chapter of the Association for Computational Linguistics. Lisbon: Association for Computational Linguistics, 2016: 30-34.

[58] FIRAT O, SANKARAN B, AI Y, et al. Zero-resource translation with multi-lingual neural machine translation[C]//Proceedings of the 2016 Conference on Empirical Methods in Natural Language Processing. Lisbon: Association for Computational Linguistics, 2016: 268-270.

[59] GARMASH E, MONZ C. Ensemble learning for multisource neural machine translation[C]//Proceedings of the 26th International Conference on Computational Linguistics. Lisbon: Association for Computational Linguistics, 2016: 1409-1412.

[60] ZHOU L, HU W, ZHANG J J, et al. Neural system combination for machine translation[C]//Proceedings of the 55th Annual Meeting of the Association for Computational Linguistics. Lisbon: Association for Computational Linguistics, 2017: 378-384.

[61] HUANG X C, ZHANG J C, TAN Z X, et al. Modeling voting for system combination in machine translation[C]//Proceedings of the Twenty-Ninth International Joint Conference on Artificial Intelligence. Lisbon: Association for Computational Linguistics, 2019: 3694-3701.

[62] ZHOU LZHANG J J, KANG X M, et al. Deep neural network based machine translation system combination[J]. ACM transactions on asian language and low-resource language information processing, 2020, 19（5）: 12-19.

[63] SENNRICH R, HADDOW B, BIRCH A. Edinburgh neural machine translation systems for WMT 16[C]//Proceedings of the First Conference on Machine Translation. Lisbon: Association for Computational Linguistics, 2016: 371-375.

[64] SENNRICH R, BIRCH A, CURREY A, et al. The university of edinburgh neural MT systems for WMT17[C]//Proceedings of the Second Conference on Machine Translation. Lisbon: Association for Computational Linguistics, 2017:

389–392.

[65] WANG Y G, CHENG S B, JIANG L Y, et al. Sogou neural machine translation systems for WNTL7[C]//Proceedings of the Second Conference on Machine Translation. Lisbon：Association for Computational Linguistics，2017：410–415.

[66] 刘文斌 . 基于多级领域信息的机器翻译系统融合研究 [D]. 北京：中国科学技术信息研究所，2021.

第 7 章　跨语言信息检索

　　信息检索（Information Retrieval）作为术语产生于 1948 年 Calvin Mooers 在 MIT 时的硕士论文，它源于图书馆的参考咨询和文摘索引工作。随着计算机和互联网技术的不断发展，信息检索在教育、军事和商业等各个领域高速发展，得到了广泛利用。进入 21 世纪以后，在互联网技术的带动下，网络多语言信息资源开始快速丰富起来，面对语言壁垒，多语言信息共享成为一个迫切需要解决的难题，在此背景下，跨语言信息检索应运而生。显然，跨语言信息检索是多语言信息科技信息服务获取资源的重要手段。

　　跨语言信息检索（Cross-language Information Retrieval，CLIR）是指以一种语言的查询检索出另一种语言文档信息的检索方法。一般来说，查询语言称为源语言（Source Language），文档语言称为目标语言（Target Language）。按检索文档集的语种来分类，跨语言信息检索又可以分为双语言信息检索（Bilingual Information Retrieval）和多语言信息检索（Multilingual Information Retrieval）。跨语言信息检索是综合性强、富有挑战性的研究领域，其研究涉及语言学、情报学、计算机科学等多门学科知识，涵盖信息检索、文本处理和机器翻译等众多技术领域，具有很高的理论研究价值。从应用上来看，跨语言检索可帮助用户打破语言壁垒，跨越语言空间的障碍，丰富用户获取信息的途径和种类，拓展信息检索平台的多语言信息服务能力，在互联网发展如此迅猛的今天，具有广阔的应用前景。

7.1　理论基础

　　有关跨语言检索系统构成研究方面，Zhou 等提出的"概念框架"较具代表性，如图 7-1 所示。该框架中，跨语言检索引擎被分为 4 个独立的功能模块，分别是翻译前模块、翻译模块、翻译后模块和信息检索模块，它们共同构成了整个跨语言检索系统。跨语言检索的相关研究一般围绕这 4 个模块展开，包括文档预处理、语言空间转换、查询扩展、信息检索模型等方面的方法研究。由于跨语言信息检索在信息检索模型上基本沿用单语信息检索模型，在此不再赘述。

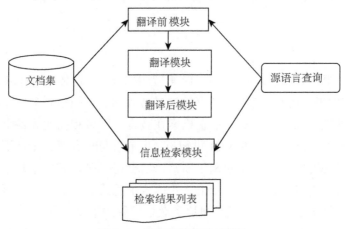

图 7-1　跨语言检索系统架构

7.1.1　语言转换策略

跨语言检索的语言转换策略主要分为 4 种：查询翻译、文档翻译、中间语言翻译和非翻译方法。

（1）查询翻译

查询翻译以其易用性成为跨语言检索匹配策略中最为常用的一种。这种方法将用户输入的查询翻译为系统支持的其他语言，然后进行单语检索。查询翻译策略的优点在于能够快速执行。但是，由于查询的上下文极其有限，且每种语言中都有很多词是多义词，对应于每个意思，又可能有另一种语言的多个翻译，其确切意思往往要根据周围语境才能判断；而查询通常很短，提供的语境很少，难以据此判断哪个翻译针对用户需求。因此，查询翻译策略的主要缺点在于语义排歧困难。查询翻译是目前跨语言检索研究中的主流技术，针对查询翻译消歧这一核心问题有大量的研究成果，后续重点说明。

（2）文档翻译

文档翻译的优缺点跟查询翻译正好相反。在跨语言检索技术中，文档翻译并不常用，查询翻译占据主导地位。但有些研究者还是采用该方法来翻译大规模文档集，因为每篇文档中的上下文信息可以改善翻译质量。Oard 等在德英跨语言检索实验中发现，采用商业机器翻译系统翻译文档集合的效果要强于查询翻译，但这以巨大的时间和资源耗费为代价。

（3）中间语言翻译

中间语言翻译技术将查询和文档整合为一种中间语言（也可以称为第三方语言），基于潜在语义索引（Latent Semantic Indexing，LSI）、多语种叙词表、多语种本体的跨语言检索技术都是这种方法的典型代表。Landauer 等通过使用 LSI 方法为英法文档的平行语料创建一个多维的索引空间来进行跨语言检索。相关研究表明：为将 LSI 应用于跨语言检索、构建语言独立的索引空间，平行（可比）语料库必不可少。由于多语种受控词表或多语种本体中的每个词都与一个概念相对应，因此，通过为每个概念赋予一个独立于语言的标识就可以在不同语言的词语之间建立起对应关系，特别是在遇到源语言和目标语言之间无法进行直接翻译的情况下，只能借助于中间语言将源语言翻译成目标语言，或将源语言和目标语言均翻译成中间语言。

（4）非翻译方法

除了上述 3 种方法外，还有学者提出不进行任何翻译，只通过使用一些词性处理手段就可以达到同样目的的方法，即同源匹配技术。同源匹配是指根据两种语言的语词拼写形式或读音相似度来判断其中一种语言语词的意义，而不进行任何翻译。在两种语言有相近的语言关系时，这种方法对翻译专有名词或技术术语等较难翻译的情况比较有效。近年来，随着深度学习技术的发展，跨语言词向量也越来越多地应用到各种多语言任务中。跨语言词向量由 Klementiev 等在 2012 年首次提出，它是单语词向量的一种自然扩展，认为具有相似概念的不同语言的词在向量空间中的词向量非常接近，能使在多语言环境下对词汇语义信息进行建模，准确计算不同语言词语相似度，实现跨语言检索。

7.1.2　预处理

文档预处理是跨语言检索翻译前模块的主要工作内容，旨在识别、抽取和处理源语言查询中的语言单元。Zhou 等认为该过程可分为文本标记、停用词处理、取词干处理和查询的翻译前扩展等几个部分。笔者认为，查询的翻译前扩展和翻译后扩展都属于跨语言检索中的相关反馈技术，因此，将查询扩展作为一项单独的模块进行阐述。此外，已有研究表明，在信息量相对不

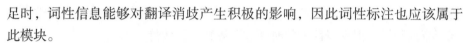

足时，词性信息能够对翻译消歧产生积极的影响，因此词性标注也应该属于此模块。

（1）文本标记（分词）

文本处理的复杂度由要处理的语种决定。与英语等印欧语种不同，中文、日文等亚洲语种词与词之间没有空格区分。在汉—英、日—英等跨语言检索系统中，分词（Segmentation）不仅发生在翻译前的预处理环节，对于待检索文档的索引同样有意义。基于词典的分词方法易于实现且速度快，所使用的算法包括正向最大匹配、逆向最大匹配、叠加匹配、双向扫描等方法。基于词典方法的主要问题是当词典覆盖度不足时所造成的未登录词（Out-Of-Vocabulary, OOV）问题，N-gram方法是一种解决方案，它不考虑文字的意义，只按一定的长度单位 N 对输入字符串进行分割，不会出现漏检的情况，但增加了检索干扰。

（2）停用词表

有些词在文本中出现的频率非常高，而且对文本所携带的信息基本不产生影响，这样的词被称为停用词（Stop Word）。如果不对停用词加以过滤，会导致查询范围扩大，大大降低搜索速度。同时，停用词在文本中占的比重很大，排除停用词可以极大节省索引文件的磁盘空间。创建停用词表的方法主要有统计方法和语言学方法两种。Buckley 等采用统计方法，简单地计数该语言某个文档集合所有词的个数，选择前 N 个词形成停用词表。语言学方法则假定存在一个双语词典，将源语言停用词表翻译成目标语言并利用翻译的词表来处理目标语种。针对应用领域的不同，可以对停用词表灵活处理，对提高检索系统的性能有积极影响。

（3）词根还原

词根还原是一项融合汇集相同概念词的技术，主要针对以英语为代表的欧洲语言。信息检索中广泛使用 Porter 算法进行英文词的词根还原。尽管在单语检索中将英文词进行词根还原的效果并没有得到证实，但对其他比英语形态更加丰富或者词汇更加复杂的语种来说，词根还原的使用能够显著提高检索性能。词根还原的典型应用可见于文献 [9]，Oard 等用四步的"后退翻译（Backoff Translation）"来确定词在词典中的位置：①将词的表面形式和词典中词条的表面形式进行匹配；②将词的词根形式和词条的词根形式进行匹配；③将词的表面形式和词条的词根形式进行匹配；④将词的词根形式和词条的表面形式进行匹配。

（4）词性标注

对查询式进行词性标注，利用词性信息的一致性进行翻译消歧可以在一定程度上提高跨语言检索的准确性。Davis 等将词性标注运用到英语—西班牙语的 CLIR 中，选择英—西词典中列出的西班牙语翻译中和英语查询词词性一致的翻译作为检索词。实验结果表明，相对于全选策略，词性策略的平均准确率提高了 37%，达到单语检索的 67.3%。

7.1.3　查询扩展方法

相关反馈技术利用用户的反馈信息来研究用户需求，力求达到检索结果与检索需求之间的最佳匹配。信息检索系统中根据用户是否真正参与反馈过程可以分为自动相关反馈（也称为伪相关反馈）和用户相关反馈（也称为交互式相关反馈）两种。前者假定检索结果列表的前 n 篇文档为相关文献来进行反馈，无须用户做出相关性判断，完全自动进行；用户相关反馈过程则需要用户的参与，用户除了对检索出来的文档进行相关性判断外，还拥有控制、修改查询的权利。另外，按照查询扩展发生在跨语言检索过程中的先后顺序，可将其分为翻译前查询扩展、翻译后查询扩展及混合式查询扩展，即查询扩展发生在查询翻译之前或之后，或同时发生在查询翻译前后。

对伪相关反馈来说，翻译前查询扩展可以通过检索源语言语料库并向源语言查询式中添加一组新词来实现；翻译后查询扩展则是利用目标语言文档进行的标准伪相关反馈。前面已经提到，相比单语言检索，跨语言检索的相关反馈难度要大得多，翻译的准确性在很大程度上影响着相关反馈的结果，在这种情况下，用户参与的交互式相关反馈具有更大的优越性。He 描述了一个交互式跨语言检索的过程，如图 7-2 所示，从查询的形成、翻译、检索，到文档选择，除了检索由系统自动完成外，其余环节均可融入用户的参与，这为检索结果更好地满足用户需求提供了条件。

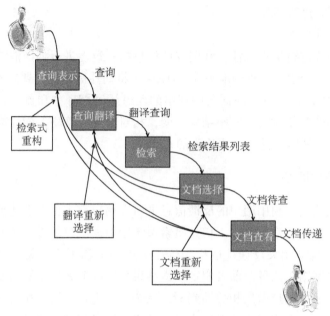

图 7-2 跨语言检索的交互式相关反馈

7.1.4 评价指标

作为信息检索的一个分支，跨语言检索与单语言检索一样，查全率和查准率都是最为重要的评价指标。与单语言检索系统不同的是，跨语言检索系统必须评价由于查询翻译的误差导致的系统性能损失。在单语言检索系统性能测试中，通常保持测试主题和文献集合不变，通过改变检索系统来比较不同系统之间的性能；而在跨语言检索系统评测中，评价通常改变测试主题而不是检索系统，用表达同样含义的两组不同语言的查询条件检索同一个文档集，以比较相同系统下单语言与跨语言的检索性能。表示为：

$$\text{跨语言检索效率} = \frac{\text{跨语言检索平均精准率}}{\text{单语言检索平均精准率}} \times 100\%。 \qquad (7\text{-}1)$$

从跨语言检索改变测试主题而不改变检索系统的评测方式上可以看出，该评测方案的提出者认为影响跨语言检索系统性能的原因是查询翻译。Kishida 采用回归模型研究翻译质量对跨语言检索性能的影响，研究发现：

翻译质量在增强跨语言检索系统性能方面起到了关键作用；同时，搜索的简单便捷也对系统性能有相当大的影响，在很多情况下改善翻译并不会导致系统性能的充分改善，一个简单查询的较差翻译可能比一个较难查询的优质翻译的检索结果更好。Kishida 的实验结果给出很好的启示，即跨语言检索的性能与翻译质量有关，但同时应该考虑检索的难易度。这也是跨语言检索与机器翻译最大的区别，后者只关心翻译的质量，而前者需兼顾检索本身。

7.2　关键技术

从跨语言检索的翻译策略上来看，查询翻译由于复杂度低且易于实现，成为跨语言检索中最为常用的语言转换策略。而对于查询翻译来说，从若干候选的词语翻译中进行选择的翻译消歧技术是研究中最具有挑战性的任务之一，也是跨语言检索研究领域的关键技术。跨语言检索中得到广泛认可的查询翻译方法是：基于词典的查询翻译、基于机器翻译的查询翻译、基于平行或可比语料的查询翻译，查询翻译消歧也主要针对这 3 种翻译技术。

7.2.1　基于词典的查询翻译及消歧

基于"词袋"模型的检索系统将查询和文档分解为词或短语的集合，因此很容易通过查询双语词典来实现查询的翻译。直接从词典中选词的消歧方法主要包括：① 选择词典中第一个词义；② 选择词典中所有词义；③ 任选 N 个意义；④ 选择 N 个最贴切意义。在一词多译的情况下，基于双语词典的翻译消歧方案可分为基于翻译候选词的单选和基于翻译候选词的多选两种。

（1）基于单选的翻译消歧

短语翻译对跨语言检索意义重大，"不能将多词概念翻译成短语会降低系统效率"。短语翻译的基本方法是搜索包含短语或者复合词的双语词典或者双语词汇列表。通过匹配机读词典的打头词或者使用词性信息可以自动识别源语言查询式中的短语或者复合词。Ballesteros 发现使用短语识别与翻译之后，平均查准率提高了 50%。Hull 等采用手工翻译多个名词组成的短语有效改善检索系统性能的实验同样揭示了多词短语翻译的重要性。

Ballesteros 假设"查询式中词汇的正确翻译应该在目标语言文档中共现，不正确的翻译应该不太可能共现"。为了从目标语文档集中查找正确翻译，其利用互信息（Mutual Information，MI）的变体方法计算两个词的共现概率，选择正确的翻译组合。除 MI 等相似度计算法方法外，还有尝试采用基于语料库的共现分析、基于 Web 门户网站的共现分析等方法来计算共现概率。然而在给定源语言查询词的语境下，两个无关词的翻译等价对可能会频繁同时出现在目标语料库中，利用共现信息可能会产生一些意想不到的错误组合，由此造成的错误翻译会显著降低检索性能。

（2）基于多选的翻译消歧

针对源语言的每个查询词存在多个翻译的问题，保留多个译项并采用消歧方法来降低噪声是基于多选的翻译消歧方案的出发点。有一种处理方法是将它们看成同义词，这样就可以利用传统的布尔逻辑处理。Hull 使用布尔或将多个翻译等价对链接起来，Pirkola 尝试将 INQUERY 系统提供的同义词操作符应用到源语言查询词的每个翻译等价集合，该结构化查询模型被许多研究人员采用和改进。

在一词多译的情况下，"词袋"检索系统认为这些译项的贡献一样，这就相当于赋予拥有较多译项的检索词较高的权重，显然不合理，拥有较少译项的检索词通常专指性更强（对检索更有用），这种情况被称为查询翻译的"不平衡"（Unbalanced）问题。Levow 等提出了"平衡翻译"的概念，通过计算查询词每个译项的权重并通过算术平均、加权平均等方法来获取该词的权重。Oard 等在 NTCIR-2 和 MEI（Mandarin-English Information）项目的评价实验中，证明了平衡翻译能有效消除翻译的歧义性。

另外，Boughanem 等提出双向翻译技术来解决基于双语词典的查询翻译问题。假定需要将英文查询式翻译成法语。利用双向翻译方法，先从英—法词典中找到某个英文词的所有法语翻译集。然后，利用法—英词典将每个法语翻译翻译成一组英文词。如果该集合中包含源查询词，此法语翻译就可作为优选翻译。

7.2.2　基于机器翻译的查询翻译及消歧

主观上说，如果能够得到性能良好的机器翻译软件，机器翻译系统应该是跨语言检索的好工具。但事实是，在一些查询翻译场合，机器翻译方法并没有比基于词典的方法性能更好。产生这种结果的原因主要有两点：①查询通常很短，且不能提供足够的上下文信息。②机器翻译系统通常是在源词的若干候选翻译中选择一个，这会限制信息检索系统做同义词和相关词的查询扩展，这也是跨语言检索系统和机器翻译系统差别的最大之处。

He 等采用商业统计机器翻译系统 Google Translate 进行查询翻译和跨语言检索，并与基于双语词典的跨语言检索进行对比，结果发现前者的精度明显高于后者，笔者认为这是由于成熟的统计机器翻译系统将翻译概率引入查询翻译，按照翻译概率的大小保留多个翻译候选，从而提高了检索系统的性能。He 等同样采用 Google Translate 作为翻译工具，以 KL- 距离为检索模型和双中文字符作为索引单元建立检索系统，实验结果表明，由于 Google Translate 在命名实体识别方面具有优势，提高了跨语言检索系统的检索精度。Wu 等将机器翻译融入跨语言检索过程的多个环节，实验结果发现：统计机器翻译所产生的词汇对齐的翻译信息可以用于双语术语抽取，为未登录词问题的解决提供思路；同时，机器翻译提供的短语翻译可以被集成到跨语言检索之中，从而改善跨语言检索的系统性能。Wu 等认为，将机器翻译集成到跨语言检索中的多种先进的数据融合方法，将进一步促进跨语言检索技术的发展。

7.2.3 基于平行或可比语料的查询翻译及消歧

平行或可比语料是跨语言检索的重要资源，可以直接从平行或可比语料中获取翻译等价对。在将英语查询翻译为西班牙语时，Davis 等用英语查询检索到英语文档，然后从西班牙语的平行语料中得到与检索到的英语文档平行的西班牙语文档，最后通过从这些西班牙语文档中抽取中高频词来进行查询翻译。

基于平行或可比语料的相似性叙词表建设也是一个重要研究方向，Molina-Salgado 等有相关的研究成果，基本思路都是根据平行或可比语料中词汇的共现信息来抽取双语词汇对。相似性叙词表的主要用途是通过查询扩展得到源查询的翻译等价对。基于平行或可比语料的双语词汇列表的生成方法与上述方法类似。Chen 等利用对数来度量源词语和目标词语之间的相关度；McNamee 等用近似互信息的方法从平行语料中生成双语词汇列表；Adriani 用杰卡德系数公式计算英—荷术语对的权重。

另外，很多研究者致力于采用著名的 IBM 算法从平行语料中估计翻译概率。算法能根据平行语料中的平行句子对自动生成双语词汇列表，在列表中每个源语言词汇都对应一个目标语言词汇集合，该集合中每个词有一个依据算法计算的概率值。IBM 算法包括 5 个模型（模型 1 到模型 5），其中模型 1 最简单，为 CLIR 中最常使用的方法。Nie 等对 IBM 模型在跨语言检索中的应用研究较为深入，其中包括对模糊或复杂词汇的翻译等；他们采用"双向翻译"将多个候选翻译词进行反向翻译的方法来降低候选翻译中通用词汇的不良影响，虽然该方法效果一般，但这种逆向的研究思路值得肯定。

近年来，随着深度学习技术的发展，利用语料库训练词向量并应用到 CLIR 中的相关研究越来越多。部分学者利用不同语言的语料库分别训练单语词向量，然后利用双语平行语料库或双语词典学习词向量映射关系，并利用这种关联关系实现了跨语言信息检索的任务。张金柱等设计无监督跨语言词向量映射方法，通过线性变换将独立的中英专利词向量映射到统一语义向量空间，构建中英词语间的语义映射关系。唐亮等利用词向量构建事件关键词的汉语语义特征向量，然后利用双语词典计算越语的事件关键词的特征翻译向量，最后通过计算语义特征向量之间的相似度完成跨语言关键词对齐，从而实现查询关键词的自动翻译。还有学者尝试利用双语或多语语料库来直接获取多语词向量进行跨语言检索。Ivan Vulić 等利用篇章对齐语料库获取双语词向量，并借助词袋模型思想构建文档向量，通过将不同语言的词、查询式和文档映射到同一向量空间中来构建跨语言检索模型。Bhattacharya 等利用篇章对齐语料库获取多语词向量，通过计算源语言查询式和目标语言词汇词向量的相似度来选择目标语翻译结果。马路佳等以监督方法训练蒙汉跨语言词向量，利用跨语言词向量实现从汉文查询词到蒙古文查询词扩展和映射，并在进行词向量映射时对候选的蒙古文查询词进行筛选和排序，选择符合上下文语境的蒙古文词语。基于跨语言词向量的跨语言检索已成为跨语言检索领域的新兴研究热点。

7.3　汉英双语跨语言检索系统

目前已有的国内外跨语言检索平台建设比较完善，司莉等选取包括跨语言数据库、学科信息门户、搜索引擎和数字图书馆项目四大类共 11 个国内外典型的跨语言检索平台进行了对比和分析，发现以上平台主要采用元数据层面的文档翻译方法和查询式翻译方法；跨语言翻译实现方法主要使用机器翻译方法，尤其是神经网络机器翻译技术实现跨语言翻译；平台提供简单检索和高级检索功能；能对检索结果进行排序和范围调整，并使用可视化技术呈现检索结果；其界面与检索支持常用语种，并不断扩展。

　　为面向科技文献数字图书馆领域开展多语言信息服务，保证多语言信息资源的有效利用，满足广大科技工作者的多语言信息获取需求，笔者团队研究开发了汉英双语跨语言检索查询接口系统，为多语言信息服务技术的推广应用奠定了基础。本系统面向科技文献检索平台，相比于传统的跨语言检索查询接口有两大特色：①基于科技词典进行查询翻译。科技术语的准确识别和翻译对面向科技领域的跨语言检索系统的准确率有很大影响，因此，本接口利用笔者团队多年来积累的高质量科技双语词典进行查询翻译，利用词典中的类别信息进行查询翻译消歧，提升了查询翻译的准确率。②基于双语主题词表的查询扩展。本系统采用基于 Ei 双语主题词表的翻译后扩展的方法，首先对 Ei 英文主题词表进行汉化，选择有代表性的中文词汇与英文 Ei 术语对应，在系统中提供基于 Ei 结构的英汉和汉英查询翻译结果的上位词扩展、下位词扩展和相关词扩展，更好地满足用户检索需求。

7.3.1　系统结构

　　上述笔者团队研究开发的汉英双语跨语言检索查询接口系统采用基于多策略的查询翻译接口设计方法，主体结构如图 7-3 所示。

7.3.2　技术与实现

　　（1）识别处理

　　跨语言检索查询翻译与机器翻译最大的区别在于，机器翻译要求翻译结果符合目标语言的语法规则，而跨语言检索对翻译结果的顺序没有要求，它更注重对查询中关键术语和词汇的识别和准确翻译，因为这关系到跨语言检索系统的查全和查准率。笔者研发对象主要是科技文献，所以对科技词汇的准确识别和翻译更加重要。

　　研发系统采用"基于停用词的组块识别方法"和"中英文混杂查询识别方法"进行识别处理。"基于停用词的组块识别方法"将源语言查询中用停用词分隔的多个检索组块识别出来，并分别进行翻译消歧处理，然后取并（UNION），得到跨语言检索所需的目标语言检索词。从可行性上分析，如果本方法的应用背景是新闻领域，该方法则不具一般性，因为新闻类场景的停用词范围不固定，在一个场合可以认为没有作用的词在另一个场合可能比较重要；而本系统的应用背景是科技领域，停用词相对比较固定，为方法的实现提供了基础。

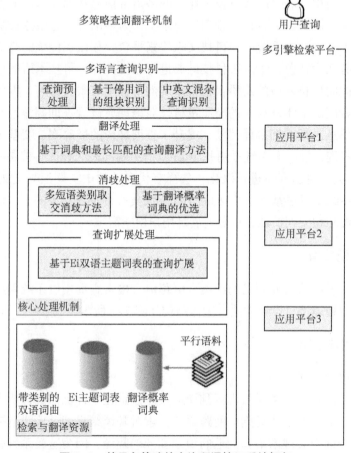

图 7-3　基于多策略的查询翻译接口系统框架

　　"中英文混杂查询识别方法"主要用于用户查询中出现中英文混杂的情况。该情况在实际应用时经常出现，如果只是简单地将源语言查询中的目标语言词汇删除后进行查询翻译，则会损失很多重要信息。本系统采用异种语言词汇位置标记方法来解决这一问题。

　　（2）翻译转换

　　科技文献的重要特征之一就是文献中的术语多为由多个词汇组成的短

语，而且这些短语中有相当一部分是非组合型的 [①]，对这些短语的准确识别和翻译将直接关系到跨语言检索系统的准确率。本系统采用基于词典的最长短语识别和翻译方法。方法与自然语言处理分词方法中的最大正向匹配算法颇为类似，以查询应于词典中的最长短语、识别及翻译作为基础来实现全部用户查询的翻译处理。

（3）消歧方法

笔者团队研发系统采用"多短语类别取交消歧"和"基于翻译概率词典的翻译优选"作为翻译消歧手段。"多短语类别取交消歧"方法利用本系统中带类别信息的英汉双语词典，在经过翻译模块获得查询中包含词和词组的译项及译项对应的类别信息后，以最长短语为中心，以距离最长短语最远的词和词组为半径，取词和词组译项中类别信息一致的部分，从而进一步消除查询翻译的歧义。

"基于翻译概率词典的翻译优选"方法是依据一部翻译概率词典进行翻译优选。翻译概率词典的生成以并行语料为基础，因此，本研究认为翻译词典中词汇的多个翻译结果的概率值反映了现实中（特别是同一领域中）该词汇的使用习惯，概率值越大则选择该翻译结果的倾向性越大。在原始查询由多个词或短语组成时，分别计算多个词和短语多个翻译结果的概率值的和，取和最大的一个翻译组合作为该查询最终的翻译结果。

（4）查询扩展

跨语言检索的查询扩展通常分为翻译前扩展和翻译后扩展两种方式，本研发系统中主要实现的是基于 Ei 双语主题词表的翻译后扩展。Ei 主题词表是高质量的主题词表资源，在没有巨大的人力投入的情况下，本系统仅凭借技术方法对 Ei 英文主题词表进行了比较准确的汉化，选择了较有代表性的中文词汇与英文 Ei 术语对应。系统中采用 Ei 英语主题词表结构来映射 Ei 汉语主题词表，随着汉语主题词表建设水平的提高，Ei 双语主题词表的质量将会进一步提升。目前系统能够提供的扩展方式包括基于 Ei 结构的英汉和汉英查询翻译结果的上位词扩展、下位词扩展和相关词扩展。

---

① 那些意义可以由其组成词的意义推断出来的复合词称为组合型（Compositional）复合词，而意义不能够由其组成词推断出来的复合词为非组合型（Non-compositional）复合词。

7.3.3 评价与分析

（1）跨语言检索系统查询式选取方法

笔者从万方数据获得了实验用文档集合，内容为中英文博硕士论文摘要，其中中文文档为 49 444 篇、英文文档为 40 392 篇。并从万方数据获得用户查询记录 8 518 054 条，其中中文查询词 7 655 337 条、英文查询词 862 717 条。经去重处理和数据清洗后，保留关键词查询共 1 563 089 条，其中包括中文 1 421 042 条、英文 142 047 条。中英文查询数量比约为 10 : 1，而且英文查询的拼写经常出错，这也从另一个角度说明了跨语言检索的必要性。中英文查询的词长与查询数目关系如图 7-4、图 7-5 所示。

图 7-4 中文查询统计结果

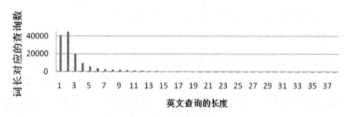

图 7-5 英文查询统计结果

依据图 7-4、图 7-5，以查询词长度为抽取单位，按照公平公正的原则，在各个长度的查询词集合上按同一比例进行随机抽取。抽取的查询总数按照单纯随机抽样的方法计算：在总体容量很大，$h=2\%$ 的精度和 $1-\alpha=95\%$ 的置信度下，在总体比例期望 p 取 10% 的情况下，预计需要的样本量如式（7-2）所示，即至少需要抽取样本 900 个，本研究选择 1000 作为查询样本的抽取数。

$$n = \frac{(u_{\alpha/2})^2 p(1-p)}{h^2} = \frac{1.96^2 \times 0.1 \times 0.9}{0.02^2} \approx 900 。 \qquad （7-2）$$

此外，实验用数据的中英文查询数目差别较大，基本上是 10 : 1，本研究在中英文查询集上选择了不同的抽取比例，前者为 1/1000，后者为 1/100。

在建立跨语言检索测试集时，为保证相关性标注的顺利进行，需要面对的是实验语料与实际抽取查询式的主题偏移问题。实验用语料博硕士论文的覆盖范围小而深，而抽取到的查询式的覆盖范围却是大而浅，为保证抽取到的查询式在实验用文档集合上的命中率，本研究提出了两个候选参数：一是查询 i（i 表示第 i 个查询）在文档标题中的覆盖率 Cov_i，二是查询对标题的命中率 HIT_i。假设查询中包含的词汇数为 Q_i，查询中词汇被文档标题包含的数目为 Q_{HIT_i}（$Q_{HIT_i} > 2$ 表示查询中的词汇被文档标题包含的数目超过 2 个），$NQ_{HIT > 2}$ 表示标题中包含两个以上查询 i 中词汇的文档数，则有：

$$Cov_i = N_{Q_{HIT > 2}}, \qquad (7-3)$$

$$HIT_i = \frac{Q_{HIT_i}}{Q_i} \ (Q_{HIT_i > 2})_\circ \qquad (7-4)$$

与 Cov 参数相比，HIT 参数能更好地反映查询中词汇在文档标题中的共现情况，因此笔者在进一步筛选查询时，以 HIT 为主，Cov 为辅。根据此原则在已有的各 1000 个中英文查询中筛选得到测试跨语言信息检索系统需要的中英文查询。表 7-1 是选出的部分词汇示例。

在按照上述方法得到查询式的基础上，通过专业人员填写相关性说明（Topic Statement），对与该查询式相关的文档内容进行详细描述，将描述结果进行标准翻译，即得到两种语言的 Topic Statement。对每个查询式进行人工标准翻译，分别对源语言查询式及其标准翻译在跨语言检索语料集合上进行单语言检索，得到源和目标语言的单语检索结果。依据相关性说明，对检索结果在两种语言上进行相关性标注，即得到与查询式相关的文档集。

（2）系统评测结果

本文选择了 13 个中文查询对跨语言检索实验系统进行评测，查询词及其标准翻译如表 7-1 所示。

表 7-1　中英文查询筛选结果

中文查询	*HIT*	*Cov*	英文查询	*HIT*	*Cov*
视频跟踪	1	60	High Resolution	1	49
校园网管理	1	27	Web SOA	1	18
压控振荡器	1	11	Virtual Enterprises	1	13
指标体系评价	0.833	24	PWM Rectifier	1	11
有限元分析	0.764	120	Process Control Systems	0.669	627
ARM 微处理器	0.721	92	The GI-GPx gene	0.667	55
聚氨酯模具设计	0.7	10	Infrared and Raman spectra	0.504	125
存储区域网 SAN	0.7	10	Animal-style in Siberian art	0.5	551
网络体系结构	0.689	462	modeling of transit bus	0.5	371
网络营销模式	0.675	84	2 4-Diamino-6-methyl-1 3 5-triazin	0.5	259
企业库存管理	0.673	296	Cache Memory Simulation Tool	0.5	25
几何非线性	0.671	143	automatic recognition of polyphase fault	0.415	27
无线家庭网络	0.67	606	Returns to scale in different	0.401	6635
文本图像分割	0.668	194	Unscented Filtering and Nonlinear Estimation	0.401	390

表 7-2 中单语言检索和跨语言检索查准率的计算方法如下：

$$P = \frac{\text{检索结果中已标注的相关文档数}}{\text{检索结果中标注的相关文档数 + 不相关文档数}} \qquad (7-5)$$

根据式（7-5），得到单语言检索查准率的平均值（*MAP*）=36.5%；跨语言检索查准率的平均值（*MAP*）=22.5%；跨语言检索效率 = 61.7%。

表 7-2　实验用中文查询标准翻译和 *CLIR* 接口翻译结果的查准率

中文查询	标准翻译	*CLIR* 接口翻译	*MIR*	*CLIR*	*CLIR/ MIR*
评价指标体系	Evaluation index system	valuation index hierarchy system; valuation index systems; appreciation index hierarchy system; appreciation index systems; assessment index hierarchy system	0.6786	0.1429	21.05%
高分辨率	High Resolution	high definition; hires; high resolution; high resolution capacity	0.484536082	0.422680412	87.23%
压控振荡器	VCO/Voltage Controlled Oscillators	voltage controlled oscillators	0	0	/
无线家庭网络	Wireless Home Networking	home network	0.3571	0.1607	45%
有限元分析	Finite element analysis	finite element analysis	0	0	/
ARM 微处理器	ARM Microprocessor	arm micro processor; arm micro multiprocessor; arm micro handler	0.8889	0.1111	12.5%
PWM 整流器	PWM Rectifier	pwm rectifier; pwm electric commutators	0.229166667	0.208333333	90.9%

续表

中文查询	标准翻译	CLIR 接口翻译	*MIR*	*CLIR*	*CLIR/ MIR*
存储区域网 SAN	Storage Area Network	store regional net san	0.4706	0.3529	75%
网络体系结构	Network Architecture	network architecture	0.1579	0.1579	100%
商业银行风险	Commercial bank risk	commercial bank risk	0.2778	0.2778	100%
网络营销模式	Internet Marketing Model	net marketing model	0.2222	0.2222	100%
企业库存管理	Inventory Management	corporations inventory control	0.7188	0.6094	85%
图书馆信息服务	Library Information Services	library information services	0.2632	0.2632	100%

（3）结果分析

受限于本研究评测语料（即中英文博硕士论文摘要），检索结果中相关性文档数分布非常不均匀，有的很少，只有几篇，有的甚至没有，这些都说明即使通过采用上述的查询式选取方法，由于测试语料覆盖面不足，仍然不能实现查询式和语料的完全匹配。但表 7–2 的实验结果和 61.7% 的跨语言检索效率值可以说明方法的可行性，在小规模语料上可以建立有效的跨语言检索评测系统。

表 7–2 实验结果中的 13 组实验数据可以分为如下几类：

①由于语料数量不足，造成查准率为 0。如表 7–2 中查询式为"压控振荡器"和"有限元分析"的例子，跨语言翻译接口翻译结果与标准翻译的结果一样，但由于语料中没有相关文献造成查准率为 0，不能作为说明查询翻译性能不佳的依据。

②表 7–2 中"评价指标体系""ARM 微处理器""高分辨率"等查询词，经过跨语言检索翻译接口的翻译结果要比标准翻译结果的覆盖范围大，准确性也较高，从理论上说应该有更好的检索结果，但不理想的结果也反映出实

验语料数量不足、覆盖范围窄的缺陷。

③表 7-2 中"评价指标体系""网络营销模式"的翻译受翻译词典的类别信息限制，导致前文"多短语类别取交消歧方法"的处理结果出错。例如，对"评价指标体系"来说，词典中"评价"一词的翻译有两个"evaluation（所属类别：经济、数理统计）"和"valuation（所属类别：经济、工业管理、数理统计"），"指标体系"一词的翻译为"index system（所属类别：工业管理）"，按照类别原则，翻译结果应为"valuation index system"，而不是"evaluation index system"。

④未登录词问题。例如，表 7-2 中"无线家庭网络"的查询词，"无线"为未登录词，因此翻译结果中没有这个部分。

⑤在 13 组对比实验中，有 8 组实验中跨语言检索系统的效率达到了单语检索的 75% 以上，说明了本系统所采用的翻译及消歧策略是有效的。

7.3.4　检索平台

笔者研发系统建立了一个面向研发和更新维护的跨语言检索平台。目前，项目采用开源的全文搜索引擎工具包 Lucene 搭建了实验用搜索引擎，Web 服务器采用 Apache 的 Tomcat 软件，可以实现 Browser/Server 的访问方式，允许任何用户使用 IE 浏览器进行单语或跨语言检索，并实现对检索结果的链接。跨语言检索实验平台如图 7-6 所示。

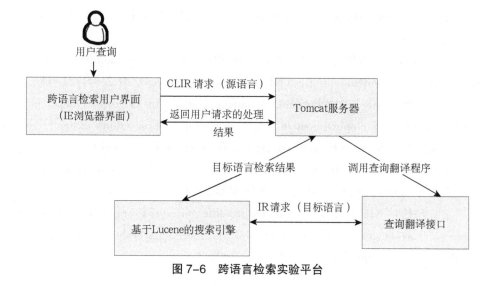

图 7-6　跨语言检索实验平台

图 7-7 显示了采用本研究跨语言检索实验平台的一个查询翻译后扩展结果，用户输入查询为"information retrieval"，翻译后可以进行上位词、下位词及相关词扩展，并依据扩展结果与用户交互进行新的检索。

图 7-7　跨语言检索实验平台查询翻译后扩展结果示例

参考文献

[1]　MOOERS, CALVIN N .Application of random codes to the gathering of statistical information[J]. Massachusetts Institute of Technology. Dept. of Mathematics, 1948.

[2]　ZHOU D , TRURAN M , BRAILSFORD T ,et al.Translation techniques in cross-language information retrieval[J].Acm computing surveys, 2012, 45(1):1-44.

[3]　THOMASK L, MICHAEL L. A statistical method for language-independent representation of the topical content of text segments[C]// Proceedings of the 11 the International Conference: Expert Systems and Their Applications,1991,8:77-85.

[4]　BHATTARAI B , KLEMENTIEV A , TITOV I .Inducing crosslingual distributed representations of words[C]//COLING.2012.DOI:doi:http://dx.doi.org/.

[5]　SHI L, NIE J Y, BAI J. Comparing different units for query translation in Chinese cross-language information retrieval[C]//Proceedings of the 2th International Conference on Scalable Information Systems.2007: 1-9.

[6] BUCKLEY C, MITRA M, WALZ J, et al. Using clustering and superconcepts within SMART[J] .Information processing & management , 2000, 36(1):109–131.

[7] DAVIS M.New experiments in cross–language text retrieval at NMSU's computing research lab[C]//the fifth text retrieval conference (TREC–5). Gaithersburg: NIST, 1997:447–453.

[8] DAVIS M W, OGDEN W C. QUILT: implementing a large–scale cross–language text retrieval system[C]//Proceedings of the20th ACM SIGIR conference on research and development in information retrieval.1997: 92–98.

[9] DAQING H, OARD D W, WANG J Q, et al. Making MIRACLEs: interactive translingual search for Cebuano and Hindi[J]. ACM Transactions on Asian Language information processing, 2003,2（3）: 219–244.

[10] KISHIDA K, KURIYAMA K, KANDO N, et. al. Prediction of performance oncross–lingual information retrieval by regression models[C]//Proceedings of NTCIR–4.Tokyo: National Institute of Informatics,2004.

[11] KISHIDA K. Prediction of performance of cross–language information retrieval using automatic evaluation of translation[J]. Library & information science research. 2008,30:138–144.

[12] IDE N, VE´RONIS J. Introduction to the special issue on word sense disambiguation: the state of the art[J]. Computational linguistics, 1998,24（1）:1–40.

[13] BALLESTEROS L, CROFT W B. Phrasal translation and query expansion techniques for cross–language information retrieval[C]//Proceedings of the 20 annual international ACM SIGIR conference on Research and development in information retrieval. 1997: 84–91.

[14] D A HULL, GREGORY, GREFENSTETTE.Querying Across Languages: A Dictionary–Based Approach to MultilIngual Information[C]//Proceedings of the 19th annual international ACM SIGIR conference on Research and development in information retrieval. 1996:49–57.

[15] BALLESTEROS L, CROFT W B. Resolving ambiguity for cross–language retrieval[C]//Proceedings of the 21st ACM SIGIR conference on research and development in information retrieval.1998:64–71.

[16] FEDERICO M, BERTOLDI N. Statistical cross–language information

retrieval using n-best query translations[C]//Proceedings of the 25th ACM SIGIR conference on research and development in information retrieval ,2002:167 - 174.

[17] KAZUAKI K.Term disambiguation techniques based on target document collection for cross-language information retrieval: an empirical comparison of performance between techniques[J]. Information processing and management,2007（43）:103-120.

[18] MAEDA A, SADAT F, YOSHIKAWA M , et al. Query term disambiguation for Web cross-language information retrieval using a search engine[C]// Proceedings of the 5th international workshop information retrieval with Asian languages.2000:25 - 32.

[19] QU Y , GREFENSTETTE G, EVANS D A. Resolving translation ambiguity using monolingual corpora[J]. Advanced in cross-language information retrieval, 2002, 2785: 223-241.

[20] HULL D A, GREFENSTETTE G. Querying across languages: a dictionary-based approach to multilingual information retrieval[C]//Proceedings of the 19th Annual International ACM SIGIR Conference On Research And Development In Information Retrieval .1996: 49-57.

[21] PIRKOLA A. The effects of query structure and dictionary setups in dictionary-based cross-language information retrieval[C]//Proceedings of the 21st Annual International ACM SIGIR Conference on Research and Development in Information Retrieval. Australis:Melbourne, 1998:55-63.

[22] LEVOW G A, OARD D W. Signal boosting for translingual topic tracking: document expansion and n-best translation[J]. Topic detection and tracking research.2002:175-196.

[23] OARD D W, WANG J Q. NTCIR-2 ECIR experiments at maryland: comparing structured queries and balanced translation[C]//Proceedings of the 2nd National Institute of Informatics Test Collection Information Retrieval （NTCIR） Workgroup. Japan:Tokyo, 2001:1-7.

[24] BOUGHANEM M, CHRISMENT C, NASSR N. Investigation on disambiguation in CLIR: aligned corpus and bi-directional translation-based strategies[J]. Evaluation of cross-language information retrieval systems,2002:158-168.

[25] NIE J Y, SIMARD M, ISABELLE P, ET al. Cross-language information retrieval based on parallel texts and automatic mining of parallel texts from the Web[C]//Proceedings of the 22nd ACM SIGIR conference on research and development in information retrieval .1999:74-81.

[26] DAQING H, DAN W. Exploring the further integration of machine translation in multilingual information Access[C]//iConference' 2010.USA: Illinois, 2010.

[27] XIAONING H, PEIDONG W, HAOLIANG Q, et al. Using google translation in cross-lingual information retrieval [C]//Proceedings of NTCIR-7 Workshop Meeting. Japan: Tokyo, 2008.

[28] DAN W, DAQING H. Exploring the further integration of machine translation in English-Chinese cross language information access[J]. Electronic library and information systems,2012, 46（2）:429-456.

[29] DAVIS M , DUNNING T. A TREC evaluation of query translation methods for multilingual text retrieval [C]//Proceedings of TREC Conference.1995:483-497.

[30] MOLINA-SALGADO H, MOULINIER I, KNUDSON M, et al. Evaluation of cross-language information retrieval systems: Thomson legal and regulatory at CLEF 2001: monolingual and bilingual experiments[M]. Berlin: Springer-Verlag, 2002：226-234.

[31] CHEN A, GEY F C, KISHIDA K， et al. Comparing multiple methods for Japanese and Japanese - English text retrieval[C]//Proceedings of the first NTCIR workshop on research in Japanese text retrieval and term recognition.1999.

[32] AITAO CHEN. Multilingual Information Retrieval Using English and Chinese Queries[C]//Second Workshop of the Cross-Language Evaluation Forum (CLEF 2001). 2001:44-58.

[33] MCNAMEE P, MAYFIELD J , PIATKO C .A language-independent approach to European text retrieval[J].Lecture notes in computer science, 2000:129-139.

[34] ADRIANI M. English-Dutch CLIR using query translation techniques[C]// Revised Papers from the Second Workshop of the Cross-language Evaluation Forum on Evaluation of Cross-language Information Retrieval Systems.Springer-Verlag,

2001.

[35] BROWN P F, DELLA P S A, DELLA P V J, et al. The mathematics of statistical machine translation: parameter estimation[J]. Computational linguistics, 1993,19（2）：263–311.

[36] NIE J Y , SIMARD M, FOSTER G F. Multilingual Information Retrieval Based on Parallel Texts from the Web[C]// Revised Papers from the Workshop of Cross–language Evaluation Forum on Cross–language Information Retrieval & Evaluation.Springer–Verlag, 2000.

[37] NIE J Y , SIMARD M .Using Statistical Translation Models for Bilingual IR[C]// Revised Papers from the Second Workshop of the Cross–Language Evaluation Forum on Evaluation of Cross–Language Information Retrieval Systems.2001:137–150. DOI:10.1007/3–540–45691–0_11.

[38] 张金柱，主立鹏，刘菁婕．基于表示学习的无监督跨语言专利推荐研究 [J]. 数据分析与知识发现 , 2020, 4（10）:93–103.

[39] 唐亮，席耀一，彭波，等．基于词向量的越汉跨语言事件检索研究 [J]. 中文信息学报 , 2018, 32（3）:64–70.

[40] VULI I, MOENS M F . Monolingual and Cross–Lingual Information Retrieval Models Based on （Bilingual） Word Embeddings[C]// Proceedings of the 38th International ACM SIGIR Conference on Research and Development in Information Retrieval.2015：363–372

[41] BHATTACHARYA P , GOYAL P , SARKAR S . Using Communities of Words Derived from Multilingual Word Vectors for Cross–Language Information Retrieval in Indian Languages[J]. ACM transactions on asian and low–resource language information processing （TALLIP）, 2018, 18（1）:1–27.

[42] 马路佳，赖文，赵小兵．基于跨语言词向量模型的蒙汉查询词扩展方法研究 [J]. 中文信息学报，2019，33（6）：27–34.

[43] 司莉，周璟．"一带一路"多语种共享型数据库的跨语言检索功能分析与开发策略 [J]. 图书情报工作，2021，65（3）：20–27.

第8章 多语言科技文献知识库

多语言科技文献知识库遵循"通用、深度挖掘、开放、共享"的原则构建，是多语言科技信息资源的集大成者。在知识建模的基础上，多语言科技文献知识库通过"数据筛选与分类、生成实例唯一标识、复合字段自动解析、多语归一化、高价值字段细粒度处理、开放式众包人工审核编辑"等方法，最大限度地实现了多语言科技文献资源融合。

大规模知识库是建立知识图谱的基础，是实现科技信息资源智能服务的基石，标志着信息资源服务进入智能化服务的新阶段。构建多语言科技文献知识库，是多语言科技信息资源智能化服务的必要条件，是笔者团队研究的主要特征之一。

本章包括多语言科技文献知识库建设基础理论、多语言科技文献知识库建设关键方法、多语言科技文献知识库功能三大部分内容。

8.1 基础理论

多语言科技文献知识库建设基础理论包括本体理论的知识库构建方法、多语言知识库的编码语言、国内外常见的多语言知识库划分方法三部分。

8.1.1 本体理论

通常建立大型知识库的第一步就是设计该领域知识的本体。本体（Ontology）一词源于哲学。近年来，本体成为计算机科学领域引进的众多词汇之一，且被赋予了与原始含义迥然不同的技术含义。根据 T.R.Gruber 的定义及 R.Studer 对其修订，本体是"一个概念体系的一种显示的、形式化的归约"。

本体在知识库系统开发中较多应用于领域知识的建模。本体的形式化描述为计算机处理领域知识带来了便利。本体的每一个知识表示元素可以被看作一个知识片段，每一个知识片段又包含概念的名称、关系、属性、定义和说明等元素，这些元素通过各种语义关系将不同的概念实体建立联系，共同描述领域知识结构。虽然不同的本体描述的领域内容各不相同，但它们都具有统一的建模元素，这些知识表示元素主要包括概念、属性、关系、约束条件和实例等。其中，概念、关系、属性、约束条件构成知识框架，概念填充实例后，就构成了彼此相连的知识网络。这些元素的语义特征并不相同，但它们之间都可以通过"主语—关系—宾语"、"主语—属性—取值"两种形式产生联系，因此，整个本体知识结构都可以转化为关系三元组和属性三元组，这为本体知识库的扩展和存储带来了便利。

总之，本体能够以良好的形式和可重用规则表示知识，在信息资源之上充当公共模式或语义平台，提高专用数据集合的使用效率和互操作能力。因此，基于本体理论构建的知识库能够用来存储、查询和管理结构化数据，作为数据库管理系统的替代品来提供服务，使不同数据的整合更容易、数据分析更有力。

8.1.2 编码语言

多语言科技文献知识库构建采用 W3C 推荐的 RDF/RDFS 和 OWL 标准语言，它们是当前万维网上最重要的本体语言。

RDF（Resource Description Framework）资源描述框架是 W3C 的 RDF 工作组制定的关于知识图谱的国际标准。RDF 提供了一个资源关联的模型，通过指定的属性和相应的值描述资源之间的关系，语义的描述由 RDFS（RDF Schema）来完成。RDFS 定义了类和属性，并且用这些类和属性来描述领域内的其他概念，从而增强了 RDF 对资源的描述能力。

使用 RDF 图描述资源结构清晰，易于理解，可以形象地描述整个资源组织的关联状况。整个关系图由多个三元组构成，图 8-1 中的结点表示概念类中的实体，结点间的连线代表两个结点的关系。RDF/RDFS 框架以关系属性为中心将框架的主语位置和宾语位置建立语义关联。用户可以使用三元组框架来描述现有资源中的各种信息，还可以通过添加新属性和其他本体概念建立联系，而无须修改类的定义和结构。

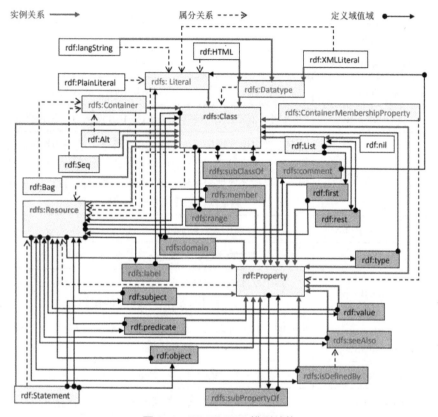

图 8-1　RDF/RDFS 模型结构

OWL（Web Ontology Language）网络本体语言是 RDF/RDFS 的扩展，2004 年成为 W3C 推荐的用来构建本体的业界标准语言。一个用 OWL 语言来描述的本体，可以看成一个 RDF 图或一个 RDF 三元组的集合。OWL 的形式化可采用 XML、N-Triples、N3 和 Turtle 等多种方式，本系统的生成结果即采用 Turtle 格式进行保存。OWL 有 OWL1 和 OWL2 两种模型，OWL1 建模词汇由类和属性构成（51 个），OWL2 在 OWL1 的基础上增加了许多新的特性。OWL1 和 OWL2 的基本语法如表 8-1 至表 8-3 所示。

表 8-1　OWL1 类概念及用法

rdfs: Class	使用说明
owl: AllDifferent	集合中的所有个体彼此互不相同

rdfs: Class	使用说明
owl: AnnotationProperty	标注属性
owl: Class	用于标识概念的类，owl：Class 是 rdfs：Class 的实例和子类
owl: DataRange	表明取值范围，已过时，OWL2 中由 rdfs：Datatype 取代
owl: DatatypeProperty	数据类型属性，链接个体与数据值。注意：数据属性不具有传递、对称及逆特征，OWL DL 中可以建立数据属性的子属性，但不可与对象属性交叉建立子属性（即为数据属性建立对象属性或为对象属性建立数据子属性）
owl: DeprecatedClass	过时的类，新版本体不应该再使用该术语
owl: DeprecatedProperty	过时的属性，新版本体不应该再使用该术语
owl: FunctionalProperty	对于每个主体值，它只能有一个（唯一）客体值与之对应。注意：不要求定义域个体都有取值
owl: InverseFunctionalProperty	声明的客体值可以唯一确定主体，值域个体为定义域个体的唯一键值
owl: Nothing	表示一个空集合，owl：Nothing 是每一个类的子类
owl: ObjectProperty	对象属性，表示两个类间的关系，链接个体与个体
owl: Ontology	表明当前本体，即当前基准 URI 标识了 owl：Ontology 的一个实例
owl: OntologyProperty	本体自身的属性
owl: Restriction	owl：Class 类的子类，用于表明限制类，一个限制类应该有且只有一个三元组链接限制到 owl：onProperty 指定的属性上
owl: SymmetricProperty	对称属性
owl: Thing	表示所有个体的集合，每一个 OWL 类都是 owl：Thing 的子类
owl: TransitiveProperty	如果（x，y）是 P 的一个实例，（y，z）也是 P 的一个实例，那么可以推断出（x，z）也是 P 的一个实例

表 8-2　OWL1 属性概念及用法

rdf: Property	说明	rdfs: domain	rdfs: range
owl: allValuesFrom	全称量词，表示对于被描述的类的每个实例，每一个属性 P 的值都必须满足约束。注意：如果有则只能在宾语类中取值，但可以不存在这样的值	owl: Restriction	rdfs: Class
owl: backwardCompatibleWith	新版本兼容旧版本，旧版本所有标识符在新版中有相同的含义	owl: Ontology	owl: Ontology
owl: cardinality	恰好有 N 个不同的值（个体或数据值），N 为基数约束	owl: Restriction	xsd: nonNegative Integer
owl: complementOf	类的补集	owl: Class	owl: Class
owl: differentFrom	链接两个个体，表明两个 URI 引用指向不同的个体	owl: Thing	owl: Thing
owl: disjointWith	类集合不相交	owl: Class	owl: Class
owl: distinctMembers	集合中的成员互不相同	owl: AllDifferent	rdf: List
owl: equivalentClass	两个类含有完全一样的个体集，类的其他属性不共享，仍按原状态描述类【外延相同】	owl: Class	owl: Class
owl: equivalentProperty	两个属性有着相同的"值"，可以相互替换【外延相同】	rdf: Property	rdf: Property
owl: hasValue	把一个限制类链接到个体或者数据值	owl: Restriction	
owl: imports	导入另外一个的 OWL 本体，引用其内容	owl: Ontology	owl: Ontology
owl: incompatibleWith	新版本不兼容旧版本	owl: Ontology	owl: Ontology
owl: intersectionOf	类的交集	owl: Class	rdf: List
owl: inverseOf	互逆关系	owl: ObjectProperty	owl: Object Property

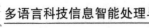
续表

rdf: Property	说明	rdfs: domain	rdfs: range
owl: maxCardinality	至多有 N 个不同的值（个体或数据值），N 为基数约束	owl: Restriction	xsd: non NegativeInteger
owl: minCardinality	至少有 N 个不同的值（个体或数据值），N 为基数约束	owl: Restriction	xsd: nonNegative Integer
owl: oneOf	声明一个枚举型的个体列表	owl: Class	rdf: List
owl: onProperty	表明限定类的受限属性	owl: Restriction	rdf: Property
owl: priorVersion	本体以前版本	owl: Ontology	owl: Ontology
owl: sameAs	链接两个个体表明两个 URI 引用实际上指向相同的事物，这些个体拥有相同的"身份"【内涵相同】	owl: Thing	owl: Thing
owl: someValuesFrom	存在量词，表示所描述类的每个实例，至少存在一个 P 的值满足约束。注意：还可以有其他关系连接	owl: Restriction	rdfs: Class
owl: unionOf	类的并集	owl: Class	rdf: List
owl: versionInfo	提供版本信息，通常用于本体声明，但可以用于其他 OWL 结构		

OWL2 新增词汇如表 8-3 所示。

表 8-3　OWL2 新增概念词汇及含义

序号	词汇	含义
1	owl: AllDisjointClasses	集合中的所有类两两不相交
2	owl: AllDisjointProperties	所有属性两两不相交
3	owl: annotatedProperty	替换 rdf: predicate
4	owl: annotatedSource	替换 rdf: subject
5	owl: annotatedTarget	替换 rdf: object

续表

序号	词汇	含义
6	owl: Annotation	标注类
7	owl: assertionProperty	标识 owl: NegativePropertyAssertion 类型的对象属性或数据属性
8	owl: AsymmetricProperty	非对称属性，表明如果用它关联 A 到 B，则永远不会用它关联 B 到 A
9	owl: Axiom	公理类
10	owl: bottomDataProperty	底层数据属性，表示没有个体经由 owl: bottomDataProperty 连接到文本字符串
11	owl: bottomObjectProperty	底层对象属性，表示没有个体通过 owl: bottomObjectProperty 互联
12	owl: datatypeComplementOf	数据值域补集
13	owl: deprecated	过时标记
14	owl: disjointUnionOf	将一个类定义为其他类的并集，并且这些类是两两不相交的
15	owl: hasKey	集合中个体唯一标识的主键
16	owl: hasSelf	本地自反属性，表明通过给定对象属性与自身相关联的所有对象
17	owl: IrreflexiveProperty	非自反属性
18	owl: maxQualifiedCardinality	最大基数限定
19	owl: members	表明集合中互不相同的成员
20	owl: minQualifiedCardinality	最小基数限定
21	owl: NamedIndividual	声明具名个体
22	owl: NegativePropertyAssertion	指出给定的个体不拥有给定的属性
23	owl: onClass	表明限制作用的类
24	owl: onDataRange	数据范围限制
25	owl: onDatatype	数据类型限制

续表

序号	词汇	含义
26	owl: onProperties	表明限定类的多个受限属性
27	owl: propertyChainAxiom	声明属性链
28	owl: propertyDisjointWith	不相交属性
29	owl: qualifiedCardinality	精确基数限定
30	owl: ReflexiveProperty	自反属性
31	owl: sourceIndividual	owl: assertionProperty 的主语个体
32	owl: targetIndividual	owl: assertionProperty 的宾语个体
33	owl: targetValue	owl: assertionProperty 的取值
34	owl: topDataProperty	顶层数据属性，表示所有的个体对由 owl: topObjectProperty 互联
35	owl: topObjectProperty	顶层对象属性，表示所有可能的个体和所有文本通过 owl: topDataProperty 连接
36	owl: versionIRI	Ontology 版本 IRI
37	owl: withRestrictions	数据类型的限定内容
38	owl: rational	有理数数据类型
39	owl: real	实数数据类型
40	rdf: PlainLiteral	普通字面值集合类
41	rdf: XMLLiteral	XML 字面值集合类，用于把 XML 内容包含到一个 RDF/OWL 文档中
42	rdf: langRange	限制值空间为带有语言标签且与正则表达式相匹配的文本

8.1.3　划分方法

国内外已有不少关于科技文献知识库的研究，这些研究都对科技文献知识挖掘提供了宝贵的借鉴经验。相较当前国内外有关科技文献知识库，笔者团队构建的知识库以多语言科技文献为出发点，旨在挖掘以这些文献为核心的知识关联，进行更加深入和细粒度的挖掘研究。国内外常见的多语言知识库，可以从领域类别、语言种类、数据来源、构建方式上进行划分。

从领域类别来划分，国外常见的多语言知识库有 BabelNet 词典知识库、ConceptNet 常识知识库、DBpedia 百科知识库、GeoNames 地理知识库、Google 综合知识库等；国内的多语言知识库有中国科学院自动化所的 Belief Engine 常识知识库、清华大学的 XLORE 百科知识库、北京大学的综合语言知识库、中译语通的体育术语知识库等。当前关于多语言文献的研究还较少。

从语言种类上划分，国外大型的多语言知识库包含上百种语言，如现存最大的通用知识库 Google 支持超过 10 种语言的检索，多语言词典知识库 BabelNet 更是包含了 271 种语言的实体。国内多语言知识库有中英文百科知识库、中英文常识知识库、蒙汉英词典知识库、综合语言知识库等。笔者团队的知识库面向多语言展开理论设计，并在中、英、俄科技文献上进行了实证研究，虽然比一些大型知识库涉及语种数量少，但在科技文献知识库领域研究方面语言种类较为独特。

从数据来源来划分，从百科网站上获取结构化信息是一类重要的途径，如 DBpedia、WikiData、YAGO、XLORE 等，这些知识库主要从 Wikipedia、WordNet、百度百科等网站上获取数据。由于本知识库的研究对象主要是科技文献，数据来源主要是论文或专利数据库中的题录数据，这些来源更具专业性、针对性，便于快速检索。

从构建方式来划分，主要有自动和半自动（自动辅以人工）两种。自动方式包括自动收集数据、自动获取实体类别、自动识别命名实体、自动更新等。例如，复旦大学的 CN–DBpedia 自动抽取了现有知识库的本体，构建了端到端的事实抽取模型，并通过智能更新策略实现了知识库的自动更新和扩容；北京大学的 PKUPIE 自动收集了多源百科网站的数据，在此基础上建立了自己的类别体系和谓词体系；哈尔滨工业大学的大词林是自动构建的开放域实体知识库，通过从多信息源自动获取实体类别，对可能的多个类别进行层次化，完成了自动构建的目标。人工方式有专家构建、志愿者编辑等途径，如全球地理知识库 GeoNames 允许全球志愿者手动编辑、添加新的地理信息。笔者构建的知识库在自动方式上借鉴了一些先进的自动构建的理论和方法，同时还运用人工方式进行完善补缺，以提高知识库的准确度。

8.2 相关方法

领域知识库构建的基本方法，主要包括自顶向下和自底向上的构建方法。一些大型的多语言百科知识库依赖开放链接数据集和百科构建，从结构化的知识中进行自动学习融合而成，主要包括实体与概念的学习、上下位关系的学习、数据模式的学习等。针对特定的领域固定知识体系，大多采用自顶向下的方法构建知识库。国内外常见的可借助的建模工具有 Protégé、PlantData 等。

国内较为典型的多语言知识库系统有清华大学的 Aminer 知识库系统，面向全球科研机构及科研人员提供中、英信息资源检索平台。该系统重在挖掘多语言科技文献、科研人员和学术活动三大类数据之间的关联关系，提供以科研人员为核心的资源检索。他们提供"学者、论文文献、学术评价、专家推荐、学者关系网络分析"等字段的知识检索服务。Aminer 知识库系统对多语言科技文献本身或科技文献与科技文献之间的关联没有进行详细探究。张智雄等基于科技文献知识也提出了从科技文献知识库到科技文献人工智能引擎的构建方法，其研究重在探讨在中文科技文献知识库的基础上如何实现 AI 引擎构建的技术方案，对多语言科技文献知识模型并没有做出深入挖掘。在其构建的中文论文知识模型中，主要设计了"文献—作者、文献—期刊、文献—机构、文献—分类号、文献—关键词、摘要—语步、语句—定义"等 7 种对应关系。

8.3 基于科技文献的多语言知识库构建方法

笔者提出的基于科技文献的多语言知识库构建方法，以多语言科技文献为出发点，旨在挖掘以文献为核心的知识关联，提供以多语言科技文献为核心的知识资源检索服务。本知识模型对多语言科技文献进行了更加深入和细粒度的挖掘研究，涵盖了论文和专利中常见的至少 6 类概念、5 类属性、12 类关系，能够形成丰富的多语言科技文献知识网络。另外，需说明的是，本书的知识模型是开放的，编码语言是通用的，可以根据实际需要对知识模型进行修改、增删。相较于国内外知识库构建研究，本知识库构建方法在构建知识模型的基础上，系统研究了多语言文献知识库半自动化构建的主要流程和方法，探索可最大程度自动化构建多语言知识库的路径，尽量减少人力成本，提高工作效率。以下针对本团队知识库构建中涉及的知识模型、数据筛选与分类、实例唯一标识的生成、复合字段自动解析、多语归一化、高价值字段细粒度处理、开放式众包人工审核编辑等进行逐一介绍。

8.3.1　知识模型

本部分的知识模型遵循通用、深度挖掘、开放、共享原则进行构建。在本知识库中，以概念、属性、关系、约束条件和实例等元素共同描述多语言科技文献领域的知识。其中，概念、关系、属性、约束条件构成知识框架。在概念填充实例后，就构成了彼此相连的知识网络。虽然这些元素的语义特征并不相同，但它们之间都可以通过"主语—关系—宾语"、"主语—属性—取值"两种形式产生联系。因此，整个本体知识结构都可以转化为关系三元组和属性三元组，从而为本知识库的扩展和存储带来便利。

为了描述多语言科技文献中的概念（Concept）、属性（Property）、关系（Relation）、实例（Entity），本研究构建了 RDF（资源描述框架）三元组知识模型，它是构建知识库的前提和必要条件。该模型提供了多语言科技文献中通常包含的概念、属性和关系。图 8-2 是多语言知识库知识模型示例，整个关系图由多个三元组构成。图中的结点表示不同的实例，结点间的连线代表两个结点的关系。针对多语言科技文献中常见的知识要素，本研究设计的概念、属性、关系、实例主要包括的内容如下。

（1）概念

概念又称类（Class）或类别（Type）等，用于描述多语言科技文献中具有共性的实例对象。本知识库设计了 6 类"概念"集：政治区划、组织机构、科研产出、人员角色、语言种类、文献载体等。其中，"政治区划"包括"区县、城市、省区、国家"；"组织机构"包括"科研院所、公司企业、院系科室、教育院校"；"人员角色"包括"科研人员、教学人员、学生"；"语言种类"包括"俄文、英文、中文"；"文献载体"包括"学术期刊、会议文集、专利申请书"。

（2）属性

属性描述了概念的各种性质，是一个概念区别于其他概念的个性化标识。本知识库设计了 5 类"属性"集：论文元数据、专利元数据、期刊元数据、名称、其他。其中，"论文元数据"包括"的研究方向、的页码、的页数、

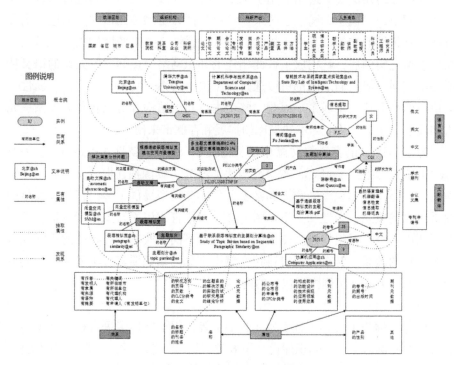

的 CLC 分类号、的全文、的立题目的、的解决方案、的实验测试、的研究局限、的结论分析";"专利元数据"包括"的公布号、的公布日、的申请号、的 IPC 分类号、的构成部件、的功能设计、的技术实现、的应用领域、的使用效果";"期刊元数据"包括"的卷号、的期号、的出版时间";"名称"包括"的发明名称、的标题、的刊名、的姓名";"其他"包括"的产品、的性别"。

图 8-2　多语言知识库知识模型示例

（3）关系

关系是概念之间产生联系的纽带，是描述领域知识的基础框架。本知识库设计了 12 个方面的"关系"：有作者、有发明人、有隶属、有来源、有语种、有摘要、有关键词、有所在城市、有所在单位、有代理机构、有代理人（有申请人（有发明单位）。

（4）实例

实例又称对象（Object）或实例（Instance），是领域概念在知识库中的具体载体，大量的领域知识需要通过实例、属性及其实例之间的关系进行表示。图 8-2 中的实例指论文标题"基于连续段落相似度的主题划分算法"、论文作者"陈群秀"，作者所在单位"清华大学"等。

需要说明的是，本章多语言知识库设计的概念、属性、关系等集所包含的内容，是开放性的，可以根据实际需要进行添加增减。在知识模型的基础上，知识库构建主要按照以下流程和方法实施。

8.3.2　数据筛选与分类

本知识库采用 RDF 三元组的形式进行知识表示。在具体实施知识库构建时，首先需要按照字段名称，对既有的论文数据库和专利数据库的文献资源进行筛选与分类。通常，既有论文数据库已包含"论文标题、作者、摘要、关键词、作者单位、期刊名、出版社、出版年份、卷号、期号、分类号、产品"等初始字段。既有专利数据库已包含"专利标题、发明人、申请人、申请号、申请日期、公布号、公布日期、IPC 分类号、代理人、代理机构、通讯地址"等初始字段。

这些字段可以筛选分成以下 4 类待进一步处理：第一类，"作者机构""作者列表""通讯地址""关键词"等复合字段需要通过切分对齐等方式进一步解析；第二类，"标题、摘要、关键词、作者、发明人"等多语言字段需统一翻译成中文后进行知识抽取；第三类，论文或专利中蕴含的高价值语步[①]（Move）信息，需进行细粒度的深度挖掘；第四类，文献数据中剩余的有挖掘意义的知识，通过人工编辑补充入库。

8.3.3　实例唯一标识的生成

在前述 4 类字段的实例中，可能存在同名字段。对此，还需运用"实例唯一标识生成"方法进行编码。简单来说，就是用三段编码组成唯一标识。其中，第一段为所属类型的汉语拼音大写首字母；第二段为该实例字段的每个字汉语拼音首字母大写（外文的实例字段为每个首字母大写的单词组合）；第三段为当前时间戳。例如，"城市：北京"表示为"CS_

[①]　语步是实现完整交际表达功能的一个修辞单位，是具有一致语言定位的切分的语篇片段。对非结构化论文摘要的语步结构进行自动识别，有助于明确论文的研究目的、研究方法、研究结果和研究结论，进而快速取文献的核心内容，便于智能化语义检索。

BJ_1600130706744"，"CS"为区划类型标识，"BJ"为北京这一实例字段的标识，"1600130706744"为生成结点时的时间戳。在生成唯一标识时，如果未读取到字段值，则采用空结点的形式表示。经过唯一标识编码的数据，再形成知识三元组，存入知识库。

8.3.4　复合字段自动解析

复合字段值，即前文提到的第一类字段，需通过自动化手段进行解析处理。例如，①根据机构列表和城市列表，从"作者机构"字段提取出"作者机构"和所在"城市"两种数据值，作为单独的实例生成唯一标识；②从"作者"字段提取"作者列表"，自动切分成每一个单独的作者，每个作者作为一个实例生成唯一标识；③从"通讯地址"字段自动提取出"城市"和"国家"，每个城市和国家作为实例生成唯一标识；④从"关键词"字段分解出每一个关键词，通过"的关键词"属性与论文ID标识的实例建立联系。上述解析处理均为规则方法来实现。

8.3.5　多语归一化

对于从论文和专利数据库中筛选分类出的外文第二类字段，需先统一转换成中文，才能方便进一步形成多语化知识库。在语言转换的过程中，本知识库运用了自有的机器翻译引擎完成了对知识要素的翻译和标注。该翻译引擎在基于注意力机制 Transformer 模型的神经机器翻译机制上训练而成，如图 8-3 所示，其主要开发目的是面向中、英、俄、日、韩、法、德等多语言科技文献，提供文本获文档机器翻译服务。因此，其对科技文献的翻译效果较好。

通过机器翻译引擎实现多语化的过程如下：①将英文和俄文的论文或专利，转换成源语言和中文两个版本；②在中文基础上，按照"知识三元组的生成方法"，将文献中的知识要素进行标注；③将在中文版本上抽取出的字段和字段值，和源语言文献中的相应部分做映射；④将源语言版本中的知识要素进行标注，打上源语言文本标识；⑤围绕同一个实例，将源语言和中文版本的知识要素存入知识库中，形成多语言知识库网络。

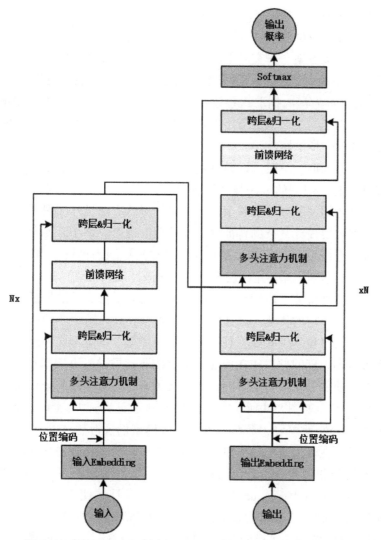

图 8-3　基于注意力机制 Transformer 模型的神经机器翻译机制

8.3.6　高价值字段细粒度处理

对于筛选分类出的第三类字段，即论文或专利中蕴含的高价值语步信息，通常是实现完整交际表达功能的语篇片段，清晰凝练的语步结构可以反映文献的写作意图。笔者构建的知识库采用深度学习的方法对高价值语步信息进行细粒度的识别与抽取。

从题录数据中自动获取到的论文"摘要",通常还可细分成"立题目的、实验测试、解决方案、研究局限、结论分析"等语步要素。这些语步要素都是知识模型中的"属性"字段,深入挖掘这些字段,能够更细粒度地解析"摘要"信息。为深入抽取这些语步要素,本知识库采用了基于 Paragraph-BERT-CRF 神经网络架构的语步识别模型,通过深度学习的方法实现对这些语步要素的进一步挖掘。

语步信息抽取,一般可以通过启发式规则、统计机器学习、深度学习等方法实现。基于规则的方法虽然准确率高,但是人工编写规则的代价比较高,且规则之间易起冲突。基于统计机器学习的方法虽然实现了语步自动识别,但依然需要设计复杂的特征以提高模型准确率。基于深度学习的方法可以通过神经网络模型实现自动表示学习,无须人工设计特征,知识抽取效率较高。因此,本知识库使用深度学习的方法进行知识自动抽取。

为实现对高价值字段细粒度的抽取,本研究对已有的语步识别深度学习模型,进行了一定的优化。以往的深度学习模型在进行语步识别建模时都是以单个句子为单位,没有充分利用摘要段落中蕴含的上下文信息。本研究将摘要语步自动识别问题看作在摘要级别上按照句子进行语步标签序列标注的任务,考虑摘要中不同句子之间的上下文关系,整合摘要的全局语篇信息,其总体框架流程如图 8-4 所示。该模型由输入表示模块、Paragraph-BERT-CRF 模块、后处理模块 3 个部分组成。该模型的实际输入是多语言科技论文摘要文本,在输入表示模块对摘要进行句子切分,通过添加词嵌入、词位置、句子划分和摘要段落划分等嵌入信息,得到序列的多特征融合表示。如图 8-5 所示,在 Paragraph-BERT-CRF 模块,具体使用了 Sentence-BERT 的池化策略完成摘要段落向量表示,将句子和摘要段落上下文信息融合到 BERT 神经网络结构中进行隐藏层计算,再通过 CRF 层输出最优的语步标签预测结果。在后处理模块,采用规则的方法,得到每个摘要句子对应的语步功能结构标签,汇总后即可得到摘要段落整体的语步功能结构标签,进而实现摘要语步功能信息识别任务。实验结果表明,在 BERT-CRF 的基础上,增加摘要段落上下文信息可以有效提升模型进行语步信息识别的预测效果。

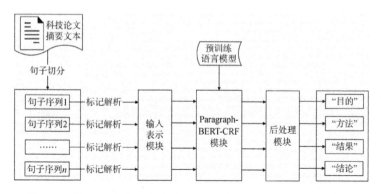

图 8-4　基于 Paragraph-BERT-CRF 的语步结构识别模型框架

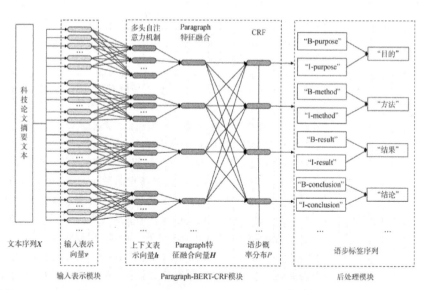

图 8-5　Paragraph-BERT-CRF 模块

　　按照上述步骤，图 8-6 中科技论文的摘要进行识别后得到"目的""方法""结果""结论"4 个语步结构，根据知识模型，可得到如表 8-4 所示的 3 个知识三元组。

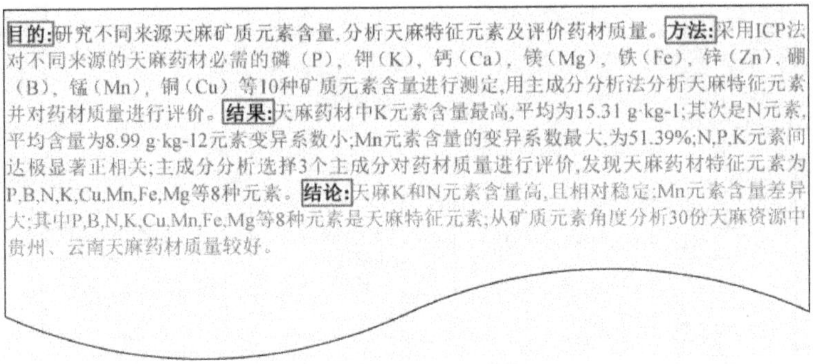

目的:研究不同来源天麻矿质元素含量,分析天麻特征元素及评价药材质量。方法:采用ICP法对不同来源的天麻药材必需的磷(P)、钾(K)、钙(Ca)、镁(Mg)、铁(Fe)、锌(Zn)、硼(B)、锰(Mn)、铜(Cu)等10种矿质元素含量进行测定,用主成分分析法分析天麻特征元素并对药材质量进行评价。结果:天麻药材中K元素含量最高,平均为15.31 g·kg-1;其次是N元素,平均含量为8.99 g·kg-12元素变异系数小;Mn元素含量的变异系数最大,为51.39%;N,P,K元素间达极显著正相关;主成分分析选择3个主成分对药材质量进行评价,发现天麻药材特征元素为P,B,N,K,Cu,Mn,Fe,Mg等8种元素。结论:天麻K和N元素含量高,且相对稳定;Mn元素含量差异大;其中P,B,N,K,Cu,Mn,Fe,Mg等8种元素是天麻特征元素;从矿质元素角度分析30份天麻资源中贵州、云南天麻药材质量较好。

图 8-6　科技论文摘要数据示例

表 8-4　科技论文摘要语步信息知识三元组示例

主语	属性	取值
摘要	的立题目的	观察参苓白术散对大肠癌移植瘤模型小鼠化学疗法（简称"化疗"）后肠道黏膜屏障的作用效果
摘要	的解决方案	将 32 只 SPF 级 BALB/c 小鼠皮下接种 CT26 肠癌细胞，成瘤后随机分为模型组、奥沙利铂组、参苓白术散组、参苓白术散联合奥沙利铂组，每组 8 只。模型组予蒸馏水灌胃（0.2 mL/ 次，1 次 /GD），奥沙利铂组予奥沙利铂 5 mg/kg 腹腔注射（0.2 mL/ 次，每 3 天 1 次），参苓白术散组予参苓白术散 15.6 g/kg 灌胃（0.2 mL/ 次，1 次 / 天），参苓白术散联合奥沙利铂组予参苓白术散 15.6 g/kg 灌胃（0.2 mL/ 次，1 次 / 天）联合奥沙利铂 5 mg/kg 腹腔注射（0.2 mL/ 次，每 3 天 1 次），共治疗 18 天。治疗结束后每组选取 8 只小鼠采集血清，以酶联免疫吸附试验（ELISA）法检测血清中二胺氧化酶（DAO）、D- 乳酸（D-LA）、白介素 -17（IL-17）及肠道黏膜中肠碱性磷酸酶（IAP）、肠黏膜分泌型免疫球蛋白 A（sIgA）；剥取小鼠瘤体、脾脏并称重，通过苏木素 - 伊红（HE）染色法和免疫组织化学（IHC）染色法在组织形态学上分析参苓白术散对小鼠肠道黏膜的影响，并通过流式细胞术检测肿瘤组织中免疫微环境的变化情况
摘要	的结论分析	参苓白术散能够保护化疗后肠黏膜屏障，改善肿瘤免疫微环境，从而抑制小鼠皮下移植瘤的生长

8.3.7　开放式众包人工审核编辑

对于分类筛选出的前 3 类字段，可通过开放式众包人工编辑工具"科技文献元数据知识三元组生成系统"进行审核校对；并对分类筛选出的第四类字段，即文献数据中未能通过自动方式获取到的有价值的知识要素，进行人工补漏完善。此系统具有中、英、俄等语言文献的互译和实例挖掘能力，支持众多用户同时编辑。系统采用界面工作模式，如图 8-7 所示，工作界面由左侧树状模型区域、中间文档页面区域、右侧类型实例区域和底部标注信息区域组成。通过该系统可将前四步未获取到的知识资源分别赋予类、实例 ID、语言标识、特征关联等 4 种标签，并以 ttl[①] 文档的格式存入知识库。

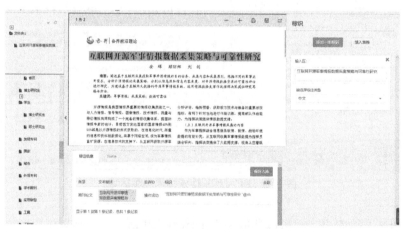

图 8-7　科技文献知识三元组生成系统

8.4　多语言科技文献知识库功能

目前，本知识库主要应用在两个方面。一是以接口或客户端的方式为用户提供知识查询与检索，帮助科研工作者快速定位想要的多语言科技文献知识；二是通过知识图谱系统，支持英汉、俄汉跨语言知识发现与服务。

---

① Turtle 格式的简称，是 RDF 数据的表达格式之一。

8.4.1 查询检索

本知识库目前可通过 Web 服务接口和客户端界面两种方式来查询和检索。其中，查询检索系统的客户端界面由 SPARQL 检索框和结果显示区域组成。输入用户 ID 和访问秘钥验证操作权限后，可以进行检索操作，如图 8-8 所示。在 SPARQL 检索框中输入检索表达式，点击"SPARQL 检索"按钮，右侧区域显示检索结果。

图 8-8　SPARQL 检索结果显示区域

图 8-8 检索表达式可以获取论文个体的关联信息，其结果由多个键值对构成。<> 为键值对分界符，@zh 为语言类型，可以替换为其他语言形式（zh 为中文，en 为英文，ru 为俄文）。relation= 后面为关联标识，value= 后面为关联取值。检索表达式中的"基于连续段落相似度的主题划分算法"位置为输入的论文标题，可以替换为其他标题。同理，还可以按照"论文""专利""期刊""主题""产品""人员""机构""城市"等实例进行信息检索。判断一个概念的要素类型，可以采用表 8-5 所示检索语句。

表 8-5　判断概念要素类型检索语句

检索例句	返回形式	要素类型
SELECT distinct?keyword?type WHERE { ?indi rdf:type?type. ?indi rdfs:label?keyword.　FILTER （?keyword="北京"@zh）.　}	<keyword="北京"@zh><type=NamedIndividual> <keyword="北京"@zh><type= 城市 >	城市 NamedIndividual 说明输入概念为 实体 Individual 城市说明概念类型为 城市 检索语句中的 "北京"位置可替换为其他要判断的概念字符串，zh 位置可替换为其他语言形式
		zh 中文 en 英文 ru 俄文 常见科研要素的检索返回类型和按钮标签对应关系如下： *期刊论文* = 论文 *专利* = 专利 *学术期刊* = 期刊 *= 主题* *= 产品* *人员角色* = 人员 *组织机构* = 机构 *城市* = 城市 *国家* = 国家 主题和产品：概念字符串无返回结果，其文本字符串在知识网络图中显示为绿色矩形结点，其他要素：概念字符串为实例 Individual，在知识网络图中显示为蓝色椭圆结点，点击后可以触发新的检索，形成新的关联网络

识别出概念类型后，便可通过实例检索模式，查询概念的关联网络。表8-6是实例列表条目点击事件调用检索语句，供界面脚本获取相关数据使用。

表 8-6　实例列表条目点击事件调用检索语句

实例条目	SPARQL 语句

论文	SELECT distinct?relation?value
	WHERE {
	　　{?indi?relation?value.}
	UNION 　{?indi?relation?obj.
	?obj　rdfs:label?value.}
	FILTER langMatches（lang（?value），"zh"）.
	?indi rdf:type　kyys: 期刊论文 .
	?indi rdf:type　owl:NamedIndividual.
	?indi rdfs:label "基于连续段落相似度的主题划分算法"@zh
	　　}

专利	SELECT distinct?relation?value
	WHERE {
	　　{?indi?relation?value.}
	UNION 　{?indi?relation?obj.
	?obj　rdfs:label?value.}
	FILTER langMatches（lang（?value），"zh"）.
	?indi rdf:type　kyys: 专利 .
	?indi rdf:type　owl:NamedIndividual.
	?indi rdfs:label "模型安全性检测方法和设备及电子装置"@zh
	　　}

期刊	SELECT distinct?relation?value
	WHERE {
	　　{?indi?relation?value.}
	UNION 　{?indi?relation?obj.
	?obj　rdfs:label?value.}
	FILTER langMatches（lang（?value），"zh"）.
	?indi rdf:type　kyys: 学术期刊 .
	?indi rdf:type　owl:NamedIndividual.
	?indi rdfs:label "计算机应用"@zh
	　　}

续表

实例条目	SPARQL 语句

主题	SELECT?relation?value
	WHERE {
	?indi?relation?value.
	?indi kyys: 的关键词列表 ?keyword.
	　　FILTER CONTAINS（?keyword，"多层网络"）.
	　　}

产品	SELECT?relation?value
	WHERE {
	?indi?relation?value.
	?indi kyys: 的产品 ?product.
	　　FILTER CONTAINS（?product，"交流电网 – 装置"）.
	　　}

人员	SELECT distinct?relation?value
	WHERE {
	　　{?indi?relation?value.}
	UNION　{?indi?relation?obj.
	?obj rdfs:label?value.}
	FILTER langMatches（lang（?value），"zh"）.
	?indi rdf:type kyys: 人员角色 .
	?indi rdf:type owl:NamedIndividual.
	?indi rdfs:label "李才伟"@zh
	　　}

机构	SELECT distinct?relation?value
	WHERE {
	　　{?indi?relation?value.}
	UNION　{?indi?relation?obj.
	?obj rdfs:label?value.}
	FILTER langMatches（lang（?value），"zh"）.
	?indi rdf:type kyys: 组织机构 .
	?indi rdf:type owl:NamedIndividual.
	?indi rdfs:label "清华大学"@zh
	　　}

实例条目	SPARQL 语句

城市	SELECT distinct?relation?value
	WHERE {
	　　{?indi?relation?value.}
	UNION　{?indi?relation?obj.
	?obj　rdfs:label?value.}
	FILTER langMatches（lang（?value），"zh"）.
	?indi　rdf:type　kyys: 城市 .
	?indi　rdf:type　owl:NamedIndividual.
	?indi　rdfs:label　"北京"@zh
	　　}

8.4.2　知识图谱

　　本知识库已实际应用于"俄汉知识发现与服务"系统中，并发挥作用，如图 8-9、图 8-10 所示。以北京大学和英特尔公司为例，通过检索式查询出本知识库中两个机构关联的论文、专利、人员等数据后，对其进行跨语言展示。点击图 8-9、图 8-10 每一篇"论文"的标题节点，还可以呈现出该篇论文的摘要、关键词、中图分类号等信息。

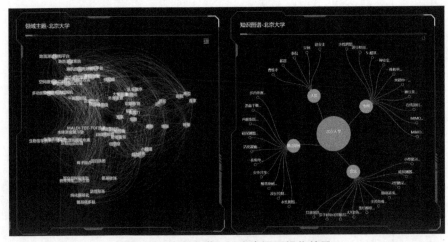

图 8-9　北京大学知识库资源可视化效果

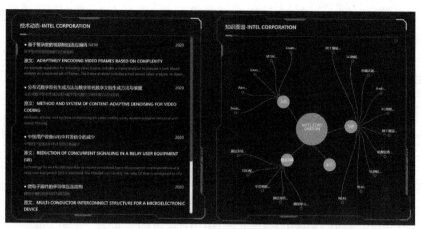

图 8-10　英特尔公司知识库资源可视化效果

8.5　本章小结

多语言科技文献知识库在中、英、俄科技文献的基础上，设计了多语言知识库半自动化构建的主要流程与方法，旨在探索一条可最大程度自动化构建多语言知识库的路径，尽量减少人力成本，提高工作效率。在多语言知识模型的基础上，本知识库构建采用了数据筛选与分类、实例唯一标识编码、复合字段自动解析、多语归一化、高价值语步信息自动抽取、开放式众包系统人工编辑审核等方法。

多语言科技文献知识库，是秉持通用、深度挖掘、开放、共享原则构建的。其一，知识模型通用。尽管本章以中、英、俄科技文献为例建模，但此知识库使用的 RDFS 和 OWL 本体语言具有广泛通用性，因此，知识模型可以根据后续研究的深入复用。其二，与其他多语言知识库相比，本知识库旨在对科技文献进行深度挖掘。知识库中的概念、属性、关系也设计得较为详细具体。其三，本知识库模型为开放型。考虑到实际抽取的难度，在建模时，本研究对类、属性和关系的特征描述尽量简单化，没有采用复杂的集合操作和分面约束。根据实际工作需要，可以增加、修改知识要素。其四，通过本体的知识组织方式，本知识库能够实现对同一概念的多语言知识共享，完成知识增值，形成包罗万象又息息相关的知识网络。

运用该知识库，为多语言知识挖掘和分析提供了较好的服务应用。目前，知识库已实际应用在检索系统和知识图谱中。未来将进一步扩大数据规模、提升自动化手段的效率和准确度，降低人力成本，让多语言科技文献大数据发挥更大的效用。

参考文献

[1] 肖仰华. 知识图谱：概念与技术 [M]. 北京：电子工业出版社，2021：16-17.

[2] 唐杰，李涓子，张阔，等. 科技情报大数据挖掘与服务平台 AMiner[J]. 中国科技成果，2018，19（13）：57-58.

[3] 张智雄，刘欢，于改红. 构建基于科技文献知识的人工智能引擎 [J]. 农业图书情报学报，2021，33（1）：17-31.

[4] AUER S，BIZER C，KOBILAROV G，et al.DBpedia：a nucleus for a web of open data[C]//Korea：The Semantic Web，6th International Semantic Web Conference，2nd Asian Semantic Web Conference，ISWC 2007 + ASWC，2007.

[5] 漆桂林，高桓，吴天星. 知识图谱研究进展 [J]. 情报工程，2017，3（1）：4-25.

[6] BO X，YONG X，LIANG J，et al.CN-DBpedia：a never-ending Chinese knowledge extraction system[C]//France：Engineering and Other Applications of Applied Intelligent Systems，2017.

[7] 谭真. 面向非结构化数据的知识图谱构建与表示技术研究 [D]. 长沙：国防科技大学，2018：6-9.

[8] GRIGORIS A，PAUL G，FRANK V H，et al. 语义网基础教程（原书第 3 版）[M]. 胡伟，程龚，黄智生，译. 北京：机械工业出版社，2014.

[9] 科学技术报告、学位论文和学术论文的编写格式：GB 7713-87[S]. 北京：中国标准出版社，1988.

[10] 郭航程，何彦青，兰天，等. 基于 Paragraph-BERT-CRF 的科技论文摘要语步功能信息识别方法研究 [J]. 数据分析与知识发现，2022，6（3）：298-307.

第9章 多语言科技信息智能服务

序言中论及在经济全球化、科学开放化、企业创新化等诸多背景下，多语言科技信息服务惠及人类社会的方方面面，服务模式多种多样。从功能专一的多语言翻译，到复杂的多语言战略情报获取、摘要与报告的自动生成，以及可视化呈现，这些服务系统可满足不同领域、不同层次的用户需求。每一类服务系统针对特定目标，没有适用所有需求的全能系统。但从处理技术视角出发，各类可信系统的设计思路、技术路径、实现方式具有一定的通性。

本书以笔者团队长期从事的研发成果为理论基础，以当前提供的对外公益服务平台为实证案例，向读者展示科信智译和跨语言科技信息服务 2 个最具代表性的多语言科技信息服务系统。从应用角度重点介绍系统的构成、功能特征及服务模式，更加复杂、定制化系统，可参考笔者有关论文、专利等成果。

9.1 科信智译

科信智译是中信所开发的多语言科技信息机器翻译平台，面向科研人员提供多语文本和文档的机器翻译服务。在介绍平台功能前，介绍其多语言数据资源的构建、翻译引擎，以及系统架构。

9.1.1 多语言数据资源构建

工程化的机器翻译采用基于语料的机制，即依赖双语语料。为确保持续生产"外语—汉语"双语平行语料，需要从数据采集到数据加工完整的语料生产流程。语料采集方式包括加工、人工收集和网络爬取，汇集可定期更新的英汉、日汉、俄汉等双语网站，定期收集双语语料。在数据加工阶段，构建从篇章对齐到句子对齐的语料加工流程和双语词典的清洗流程，基于领域关键词对双语平行语料进行领域识别与分类的程序包，方便多语言数据资源的分类管理。参见语料生产流程示意（图 9-1），通过加工、人工收集、网络爬虫等手段持续建设双语语料库，扩大多语言数据资源。这些规模化的多语言数据资源的形成，可保障服务质量。

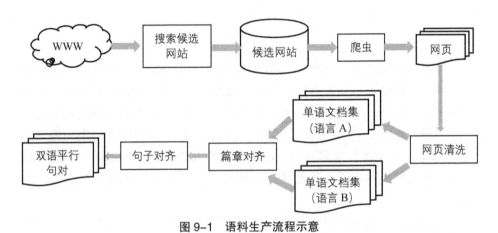

图 9-1　语料生产流程示意

　　科信智译构建了自动数据爬取抽取工具，能分别从英语、日语、德语、俄语、韩语、法语 6 种语言与汉语的双语网站上定期抓取语料。在这些语料的基础上，构建从篇章对齐到句子对齐的语料生产流程，在一定程度上持续为机器翻译引擎增加训练语料，以提升翻译质量。

9.1.2　面向科技文献的翻译引擎

　　科信智译平台基于上述独立拥有的多语言数据资源，采用业界前沿基于自注意力机制（Self-attention）的 Transformer 模型构建机器翻译引擎。Transformer 模型是编码器—解码器（Encoder-decoder）框架的一种实例，它在编码和解码阶段均使用基于自注意力机制的多层模型，而非常用于序列建模的循环神经网络（Recurrent Neural Network，RNN）。与 RNN 相比，多层自注意力网络具有两个方面优势：一是网络中的每个节点都可以直接获取到全局信息；二是计算过程高度并行化，显著提高了训练效率。

　　在 Transformer 模型的基础上，结合中信所大规模双语语料，特别是科技领域双语数据，通过参数调优、增加术语词等手段，提高系统的翻译的准确率。利用网络优化设计加快翻译速度，增加利用术语词典对句子中术语进行翻译的功能，提高术语翻译的准确率和一致率。据此研发出翻译质量更优的神经机器翻译引擎，针对诸如英汉、汉英、日汉和汉日等常用语言对，同时可向更多的语种扩充。

9.1.3　系统架构

科信智译是基于机器翻译引擎开发的机器翻译服务平台，其围绕"灵活性、松散耦合、复用能力"的设计原则，通过架构升级，实现高效翻译。

科信智译基于 Springboot + Dubbo + zookeeper 的分布式微服务架构（图 9-2），提升翻译的串行循环速度，提高网页版术语翻译和文档翻译的翻译效率。分布式微服务架构是将应用程序划分为不同的功能单元，通过这些服务之间定义良好的接口和契约联系起来，可灵活实现各个微服务的动态扩展。同时，数据的结构化、分布式存储和索引为科信智译系统的快速本地化调用提供了便利。经统计，截至 2020 年 6 月科信智译的英汉翻译速度为 390 词 / 秒，网站服务的中英文界面如图 9-3、图 9-4 所示。

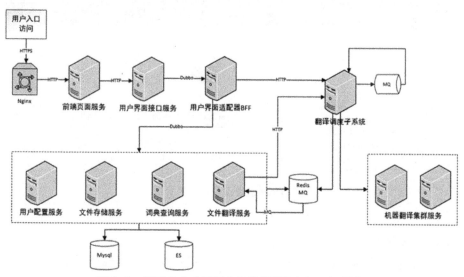

图 9-2　基于分布式微服务架构的科信智译翻译服务

图 9-3 科信智译中文界面

图 9-4 科信智译英文界面

9.1.4 系统功能

9.1.4.1 文本翻译

科信智译翻译平台提供文本翻译服务，嵌入中文、英文、日文、俄文、法语、德语、韩语等 7 种语言的自动识别功能，用户无须判别源语言文字的语种即可实现翻译，图 9-5 所示为科信智译的俄汉文本翻译界面。

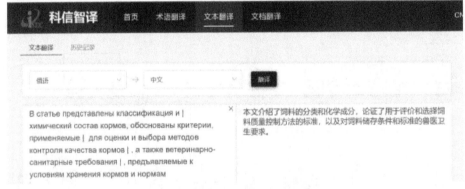

图 9-5 科信智译俄汉翻译界面

9.1.4.2 文档翻译

基于中信所独立自主的英汉、汉英、日汉和汉日机器翻译引擎，在实现文本翻译的同时，开发出文档翻译，为科技人员提供便捷的机器翻译服务。

以 PDF 文档格式为例，翻译架构如图 9-6 所示。为避免 PDF 翻译不稳定问题，科信智译的 PDF 文档翻译方法，将 PDF 文档分为 3 种类型：标准 PDF、图片加浮层 PDF 和图片 PDF。对这 3 种类型的文档分别进行解析得到图片层和文字层，调用 OCR 和翻译系统对内容进行处理，参考原始文档的排版格式对翻译结果进行排版，尽可能保持文档的排版、字体、图片等信息不变。

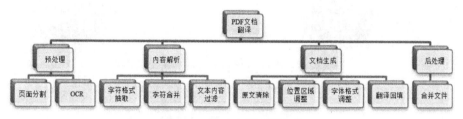

图 9-6　PDF 文档翻译架构

文档翻译的文件类型包含 txt、pdf、doc/docx、xls/xlsx、ppt/pptx 等。翻译完成后可进行在线文件预览，PDF 提供排版式和原版式 2 种版式预览。图 9-7 和图 9-8 分别为科信智译原版式 PDF 翻译和排版式 PDF 翻译的结果。图 9-7 中左侧图为 PDF 原文，右侧为原版式译文。图 9-8 中左侧为将 PDF 原文解析为 Word 的原文，右侧为排版式译文。PPT 和 Excel 文档的翻译如图 9-9、图 9-10 所示，PPT 和 Excel 文档翻译功能做到排版合理。

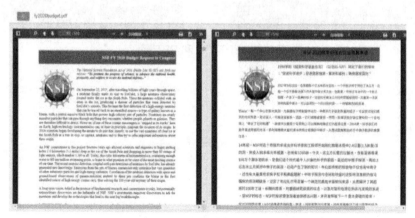

图 9-7　科信智译原版式 PDF 翻译

图 9-8　科信智译排版式 PDF 翻译

图 9-9　PPT 原文和 PPT 翻译

图 9-10　Excel 原文和 Excel 翻译

9.2　跨语言科技信息服务系统

如果将跨语言[①]科技信息智能服务系统比作"菜肴"、处理技术比作"烹调方式"、资源则是"食材"。本研究的最大特点是平衡三者之间的关系，为实现向每一位食客提供可口菜肴，尝试获取全球最匹配的食材，通过所选食材的最优烹调方式加工出菜品。

为此，本部分从多语言科技信息资源的获取和多语言科技信息服务两个重要方面，介绍多语言科技信息智能服务系统。

9.2.1　多语言科技信息资源的获取

多语言科技信息资源是智能处理的"食材"，即第一手资料。为满足科技领域用户对信息的多元化需求，本研究对科技信息资源定义进行了综合拓展，获取对象从类型上分为：传统意义上的学术资源，即文献资源、科学数据、专利等，以及科技政策资源；基于资源是否付费分为：收费资源、开放获取及预印本等免费资源；基于资源的载体类型分为网络资源及图书馆纸本资源。由于图书馆纸本资源向数字化资源的转型，本书不涉及纸本资源。

语种方面，本研究目前提供英语、日语、德语、俄语、韩语、法语 6 种语言的服务平台，为避免冗余，仅以受众最多的英语和比较有特点的日语资源为例，介绍英语、日语科技信息资源获取思路。

英语科技学术资源的获取，包括全球著名的学术资源与服务平台、科学数据资源与服务、专利资源与服务、互联网资源与开放获取资源，以及以美国为中心的科技政策资源等，详见第 2 章。

日语科技信息资源则汇集来自文献数据库提供者、各级政府、学协会、行业联盟及有关媒体。学术文献资源来自 NII、JST，以及 NDL 日本三大国家级信息传播与服务权威机构。科学数据主要来自 NII、JST 的特色管理与服务平台。专利资源、政府学协会科技信息源、开放获取期刊与开放数据也一一纳入获取对象，详见第 3 章。

上述资源的组合获取方式，可较好地满足用户对科技信息服务的个性化需求。需要注意，针对不同的服务用户及资源的可访问性，实际运用中，服

---

① 第 9.2 节，"跨语言科技信息服务系统"如同 9.1 节的科信智译，是中信所系统的固有名称，实为多语言。本节的跨语言 = 多语言。

务平台抓取的对象资源需经过针对性遴选与定制。

9.2.2 多语言科技信息服务

9.2.2.1 多语言科技信息服务系统框架

中信所多语言科技信息服务系统面向科技领域，从多语言科技信息的自动采集、分类、翻译、信息抽取、自动摘要、可视化展示和个性化推送等多角度，为机构个体等提供可定制的一站式多语言科技情报服务。系统能够抓取中国、美国、德国、日本、韩国、法国、俄罗斯、英国8个国家指定网站的资讯数据并定时更新，在对数据进行清洗、整合的基础上，利用文本挖掘和统计分析技术进行处理，将分析结果送到 Elasticsearch[1] 分布式搜索引擎和 Redis[2] 分布式缓存中，并利用 Echarts[3] 等可视化工具为用户提供服务。

面向企业的多语言科技信息服务系统包括登录、多语言检索、资讯分析、资讯报告、个人中心等模块（图9-11）。其中，涉及的关键技术包括数据过滤与分类、自动摘要与报告生成、热词提取（包括关键词提取和机构名识别）、机器翻译、热门事件及事件脉络识别等。

---

① Elasticsearch 是一个分布式、高扩展、高实时的搜索与数据分析引擎。它能很方便地使大量数据具有搜索、分析和探索的能力。

② Redis 是一个 Key-value 存储系统。它支持存储的 Value 类型相对较多，包括 String（字符串）、List（链表）、Set（集合）、Zset（sorted set 有序集合）和 Hash（哈希类型）。这些数据类型都支持 push/pop、add/remove 及取交集并集和差集及更丰富的操作，且这些操作都是原子性的。在此基础上，Redis 支持各种不同方式的排序。

③ ECharts 是一款基于 JavaScript 的数据可视化图表库，提供直观、生动、可交互、可个性化定制的数据可视化图表。提供常规的折线图、柱状图、散点图、饼图、K线图，用于统计的盒形图，用于地理数据可视化的地图、热力图、线图，用于关系数据可视化的关系图、Treemap、旭日图，多维数据可视化的平行坐标，还有用于 BI 的漏斗图、仪表盘，并且支持图与图之间的混搭。

图 9-11　面向企业的多语言科技信息服务系统架构

面向企业的多语言科技信息服务系统分为以下 9 层。

（1）数据源层

采集中国、美国、德国、日本、韩国、法国、俄罗斯、英国 8 个国家的资讯数据。

（2）数据获取层

接收数据源的数据和抓取网页。

（3）数据导入层

通过定时任务实时更新数据。

（4）数据加工层

对导入的数据进行清洗、整合，并存入数据核心存储层。

（5）数据核心存储层

采用 MySQL 数据库保存加工后的数据。

（6）数据分析处理层

通过统计分析、数据挖掘、算法分析进行分析处理。

（7）数据服务存储层

存储分析结果，包括 Elasticsearch 分布式搜索、Redis 分布式缓存。

（8）应用层

包括数据搜索引擎、用户认证系统、统计分析接口等。

（9）服务层

对内应用服务和对外应用服务，为用户提供系统功能。

9.2.2.2 多语言检索

多语言检索主要包括热力地图、全球热点和热门事件 3 个部分。

（1）热力地图

如图 9-12 所示，地图展示采集国家的关键词数据，关键词数据包含正文关键词和标题关键词。目前系统收录的国家有中国、美国、德国、日本、韩国、法国、俄罗斯，分别点击地图上的国家，左侧关键词列表会随之刷新。按 Language 字段汇总标题关键词及正文关键词字段的词及其词频，默认显示中国，以国家为单位统计词频，显示颜色。输出依据词频大小生成热力图，并显示词频 TOP10 的关键词。其中，点击各国关键词列表，可执行检索功能，更新资讯列表页面。

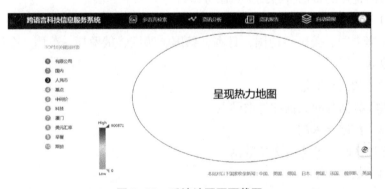

图 9-12 系统地图页面截图

（2）全球热点

如图 9-13 所示，全球热点展示系统中所有资讯信息，所有国家的所有资讯按时间倒序排列。检索数据库中的中文标题和中文正文（中文新闻）或

title 和 text_publish（非中文新闻）字段，得到新的资讯列表，输出更新资讯列表（按时间倒序排列）。

图 9-13　系统全球热点页面截图

图 9-13 展示的是全球热点和热门事件，通过检索条件可对列表数据进行检索操作。除检索操作外还可对全球热点和热门事件进行收藏操作。点击全球热点列表中的资讯数据，除中国外的其他国家可跳转至资讯详情页面，该页面展示资讯详情及翻译后的信息，如为中国跳转改条资讯的原网址。鼠标浮在每条全球列表的资讯上面，悬浮框展示的是该条信息的摘要数据。除显示摘要功能外，还可有对该条资讯进行分享功能，分享方式有微博、微信、QQ 等。

（3）热门事件

图 9-14 展示的是全球热点和热门事件列表，对于列表数据都可以进行收藏和查询操作。不同之处在于两者展示的字段和检索条件不同。其中关键词及热度计算方法为：将中文标题表示为关键词向量，将关键词向量相似度大于 80% 的资讯聚为一类形成事件，统计单个事件中关键词的词频并排序，选取包含主要关键词数目最多的资讯标题作为该事件的标题，统计每个聚类的资讯数量作为该事件的热度，选取热度 TOP 15 的事件，按热度倒序排列显示。点击关键词列表，以该条资讯的关键词检索数据库，跳转到热门事件检索结果页面，如图 9-14 所示。点击热门事件列表中的资讯数据，可跳转至热门事件检索页面。该页面展示与该条热门事件相关的资讯信息。

图 9-14　系统热门事件页面截图

9.2.2.3　资讯分析

资讯分析分为单个国家的自身分析和多个国家的对比分析，如图 9-15、图 9-16 所示。

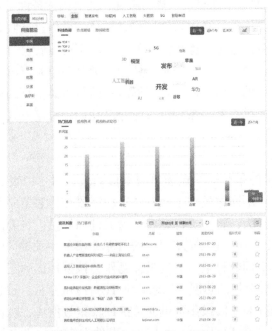

图 9-15　系统资讯分析之自身分析页面截图

图 9-16　系统资讯分析之对比分析页面截图

资讯分析设 6 个主要类别，分别是科技前沿、财经"悦"读、家电行情、政策早知、制造先锋、产品聚焦等。

9.2.2.4　自动简报

自动简报是根据资讯分析生成的报告，同样分为单个国家的资讯报告和多个国家的资讯报告。报告根据关键词、国家、类别检索生成不同数据的报告，报告主要展现的指标有主题概况、主题脉络、类别详情。单个国家的资讯报告类别详情分为热词分析、机构分析、资讯列表等；多个国家的资讯报告类别详情分为各个类别的热词对比、机构对比、政策列表等。具体以单个国家分析报告为例，如图 9-17 所示。多文档自动摘要，调用中信所提供的程序动态生成。输入为检索的所有资讯的 ID 号，以中文分号为分隔符，返回结果为字符串形式的多文档摘要。输入主题词、国家、资讯类别和时间段后，则输出 10 个按时间正序排列的热门主题，资讯报告生成后点击导出按钮可导出 PDF 文件。

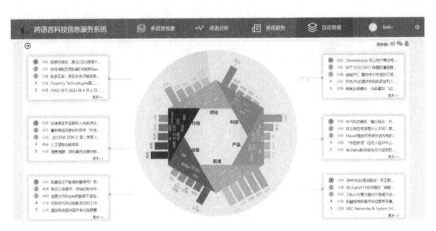

图 9-17　自动简报页面截图①

9.3　本章小结

科信智译和跨语言科技信息服务系统面向科技工作者，获取多元科技信息，构建丰富的领域适用性知识库，应用智能处理技术等以保障深度服务。笔者团队所提供的多语言科技信息智能服务具备以下优势。

■ **领域针对性**：面向科技领域提供从资源获取路径、知识库建设、翻译引擎，直至服务系统的整体解决方案。

■ **翻译精准性**：翻译引擎采用的科技词典、科技语料规模大，具有独一无二性。

■ **系统安全性**：信息内容获取合法合规，系统安全性高，从安装到部署可满足用户需求。

科信智译和跨语言科技信息服务系统是不断研发、不断试错、不断更新迭代的系统，优化空间永不为"零"。当前，团队攻克中的课题主要有：

■ **翻译引擎研发方面**，目前的翻译引擎翻译效果提升较大，但对于领域术语和网络新词的翻译仍然能力有限。机器翻译研发是动态工程，需要不断补充新出现的领域术语和网络新词来提升翻译效果。后续研发将全方位收集科技领域知识，用以采集补充机器翻译的领域知识。同时，研制语料质量评价和分类工具，对目前的各种语料进行评价和归类，以得到多领域高质量的

---

① http://clbdadmin.gtcsci.com/api/v1/view？ to=tpl/jianbao.

双语句对。在此基础上研制融合领域知识的神经机器翻译引擎，提升各个细化领域的翻译效果。

■ 构建定制化服务模型，不断完善翻译服务。目前的科信智译平台的术语翻译和文档翻译均有提升空间。通过扩大用户群体获取用户反馈，把握用户具体需求，建立理想的定制化服务模式。

■ 多语言科技信息服务行业资源收集方面，谋划宏观战略，制定微观战术，行业专家的深度干预，以实现设计目标。

第 10 章　总结与展望

10.1　总结

本研究着眼多语言科技信息智能处理与服务的战略意义，以获取英语与日语的全方位科技信息资源为起点，研究智能处理技术，开发面向科技领域需求的定制化服务平台，形成了相对完整的全流程解决方案，包含一定程度的理论创新和实践创新。

在内容组织方面，其中，多语言科技信息资源获取部分基于"科技创新"要素，将科技资源类型扩展到多元化的政策机构信息，并以主流的英语和代表性的日语科技信息资源为例，呈现科技信息的全貌。

在科技信息智能处理技术部分，纵览相关技术之上，针对服务系统所需技术，阐明本研究在多语言术语识别、自动标引、机器翻译、跨语言检索、多语言知识库等关键技术方面的成果。

在多语言科技信息智能服务系统部分，以笔者团队研发的科信智译和跨语言科技信息服务系统平台为例，向读者示范多语言科技信息服务平台的构成与主要功能，并总结了服务系统的优势及未来发展方向。

10.2　展望

全球大变革中，科技创新举足轻重。在开放科学与开放获取大趋势下，支撑创新的多语言科技信息智能服务还没有所谓的成熟模式。本研究探索与实证了一套全流程的解决方案，理论上有一定突破，实践中构建了包含独立知识产权的服务系统，为后续发展奠定了坚实的基础。

然而，科技工作者在进军世界科技前沿、攻克国家重大难题、打造行业品牌产品之际对多语言科技信息智能服务需求将越来越迫切、对服务质量与速度的要求也会趋于"严苛"，本研究攀登至这些需求的高峰需要持久的"研究力"，团队在不断强化。

　　自然语言处理与人工智能研究组将继续探究最新理论技术，优化科技领域适用型算法，继续丰富多语言知识库，强化机器学习，强化专家的干预，将多语言科技信息智能处理与服务推向新的高度。

致 谢

首先，中国科学技术信息研究所所长赵志耘博士高瞻远瞩，引领中日机器翻译国际合作项目，支持后续成果的拓展、公益服务及社会化应用；副所长姚长青博士亲力亲为参与项目实施，在可持续发展战略规划上为研究组指明方向；情报理论与方法中心主任刘志辉博士在研究组发展最困难时刻为机器翻译制定短期、中期、长期发展目标，协调多类型数据资源，带领研究组进入综合深入发展的新阶段；中心副主任王莉军博士协助刘志辉主任监管研究组有关任务的有效实施。没有各级领导对全球科技信息发展的洞悉与布局，就不会有研究组的过去、现在及其光明的未来。

其次，感谢曾在本研究组工作，并为本书做出贡献的有关研究人员。其中，高影繁博士曾参与有关各项研究工作；硕士研究生周雷、刘文斌曾在研究组从事机器翻译研究；英年早逝的屈鹏博士早期曾参与科技语识别工作。

最后，感谢所有参与者共克时艰，精诚合作，团结就是力量。感谢亲属们的理解与支持，成就了执笔工作的最终完成。

李　颖

2022 年 12 月于北京